大清最後的希望 北洋艦隊

從籌建、訓練到甲午戰爭的歷史剖析,十九世紀末海軍力量的興衰軌跡

戚其章——著

艦隊編制、指揮體系、戰術運用⋯⋯
結合政治結構與軍事制度,檢視海軍覆敗的根本原因

以史料考證解析北洋艦隊自建制、訓練至作戰覆亡的過程

目 錄

出版說明　　　　　　　　　　　　　　　　　　005

第一章　北洋艦隊的起源與籌建歷程　　　　　　007

第二章　北洋艦隊的體制組織與訓練　　　　　　039

第三章　北洋艦隊的據點與戰力規模　　　　　　071

第四章　豐島海戰　　　　　　　　　　　　　　091

第五章　黃海海戰　　　　　　　　　　　　　　115

第六章　北洋艦隊的覆沒與最後抗戰　　　　　　177

結束語　　　　　　　　　　　　　　　　　　　201

附錄　　　　　　　　　　　　　　　　　　　　207

目錄

出版說明

　　甲午戰爭是中國近代史上的重大事件，出版社隆重推出甲午戰爭研究專家戚其章先生的「甲午戰爭與近代中國叢書」，包括《甲午戰爭》、《大清最後的希望——北洋艦隊》、《晚清海軍興衰史》、《甲午戰爭國際關係史》、《國際法視角下的甲午戰爭》、《甲午日諜祕史》等 6 冊。

　　《甲午戰爭》從戰爭緣起、豐島疑雲、平壤之役、黃海鏖兵、遼東烽火、艦隊覆沒、馬關議和、臺海風雲等關鍵事件入手，以辯證的目光敘述關鍵問題和歷史人物，解開了諸多歷史的謎題。

　　《大清最後的希望——北洋艦隊》主要講述了北洋艦隊從建立到覆沒的全過程，以客觀的辯證的歷史角度，展現了丁汝昌、劉步蟾、林泰曾、楊用霖、鄧世昌等愛國將領的形象，表現了北洋艦隊抗擊日軍侵略的英勇頑強的愛國主義精神。

　　《晚清海軍興衰史》細緻地敘述了晚清時期清政府創辦海軍的歷程，從策略角度分析了北洋海軍失敗的原因，現在看來仍然振聾發聵。

　　《甲午戰爭國際關係史》從國際關係的角度，論述了清政

出版說明

府的乞和心態和列強的「調停」過程，突出表現了清政府的腐敗無能和列強蠻橫貪婪的真實面目，指出列強所謂的「調停」只是為了本國利益，並非為了和平，清政府的乞和行為是注定不會成功的。

《國際法視角下的甲午戰爭》結合法理研究與歷史考究，把爭論百年的甲午戰爭責任問題放在國際法的平臺上，進行全面、系統、客觀、公正的整理與評論，是一部具有歷史責任感和國際法學術觀的著作。

《甲午日諜祕史》揭露和分析日本間諜在甲午戰前及戰爭中的活動，證明這場侵略戰爭對百姓造成了嚴重傷害，完全是非正義的，因此對這場侵略戰爭中的日本間諜，應該予以嚴正的批判和譴責。

甲午戰爭是一本沉甸甸的歷史教科書，讓我們在深刻的反思中始終保持清醒，凝聚信心和力量，肩負起時代賦予的光榮使命。

第一章
北洋艦隊的起源與籌建歷程

第一章　北洋艦隊的起源與籌建歷程

第一節　清政府試辦海軍

一　李泰國買艦騙局

清朝原先只有舊式水師，沒有近代化的新式海軍。清朝水師有內河與外海之分。外海水師僅用於「防守海口，緝捕海盜」[001]。海軍的興建，是由中國社會矛盾的發展而引起的。

清朝辦海軍的方法，主要有兩種：一是買船，一是造船。在清朝海軍發展的不同階段，有時以買船為主，有時以造船為主。但在整個活動中，這兩種辦法始終是交叉使用的。

早在西元 1830 年代末期，清政府便開始了最早的買艦活動。當時買艦的目的，是抵抗西方的侵略。西元 1839 年，林則徐以欽差大臣，節制廣東水師。林則徐到廣州查禁鴉片時，為了加強水師的戰鬥力，以防範英國侵略者的武裝挑釁，曾從美國商人手裡買進一艘 1,080 噸的英製商船，改為兵船。這是中國購買西方船隻的開端。

與此同時，林則徐還開始仿製西式船隻。他曾參照歐洲船式，「捐資仿造西船」[002]。當時有人親眼看見這種仿製的

---

[001]《清史稿》，兵志，水師。
[002]《林則徐集》：奏稿，中華書局 1965 年版，第 865 頁。

第一節　清政府試辦海軍

船下水,寫道:「一八四〇年四月二十五日,兩三隻雙桅船在廣州河面下水。這些船都是按歐洲船式建造的,可能加入帝國海軍了。」[003] 這又開啟了中國建造西式船艦的先例。

西元 1842 年,清政府「購呂宋國船一艘」,「隸水師旗營操演」[004]。據稱,這艘船「駕駛靈便,足以禦敵」。這是中國從國外購進的第二艘船隻。

到 1950 年代,中國內部階級矛盾激化,爆發了太平天國運動。

西元 1853 年,太平天國建都南京,並把南京改為天京。清政府為了挽救分崩離析的局面,一方面調動馬步各軍對太平軍實行圍剿,一方面購買西方船隻配合軍事進攻。西元 1856 年,由上海江海關稅務司英國人李泰國經手,購買鐵皮輪船一艘。[005] 西元 1863 年,由海關總稅務司李泰國[006] 經手,又購買了天平炮船一艘。

從西元 1839 年到 1863 年的 24 年間,清政府共購進和仿造輪船 6 艘。這些船隻,或用於防範西方侵略,或用於鎮壓國內人民,都是做兵船使用的。雖然如此,由於這些船隻係零星置備,分散而不集中,且未形成一個組織和指揮的體

---

[003]　陳其田:《林則徐》,第 19 頁。
[004]　《清史稿》,兵志,海軍。
[005]　《清史稿》,兵志,水師。按:1882 年,江南製造總局將此船加以改製,命名「鈞和」。
[006]　西元 1859 年,李泰國升海關總稅務司。

系，因此還不能稱為海軍。清政府要興辦海軍，是從李泰國到英國買船組織艦隊的活動開始的。

清政府之所以要辦海軍，主要是為了鎮壓太平軍。從西元1856年以來，清政府曾多次僱傭西方輪船，對太平軍進行「水面攻剿」[007]。但是，這些僱傭的外國輪船，只聽命於其本國政府，甚至有時「大為掣肘」[008]。於是，清政府開始覺得有買艦自辦海軍的必要了。恭親王奕訢說，「借兵剿賊，流弊孔多，若只購買外洋船炮，尚屬事權在我」，而購買西方船隻建立船隊，「有中國官為之總統，尚無太阿倒持之弊」。[009] 奕等的意思，是想擁有一支由清政府獨立指揮的艦隊，「不使受制於人」[010]。

最先提出籌建海軍的是鎮壓太平天國運動的曾國藩。西元1860年6月，曾國藩署理兩江總督不久，即向清政府建議，要「攻取蘇、常、金陵，非有三支水師，不能得手」[011]。辦海軍所需要的火輪船，是設廠自造，還是從國外購買，這是首先要確定的問題。總理各國事務衙門的滿族大臣、戶部左侍郎文祥認為，中國自己設廠造船「非年餘不成」，不如直接從外國購買「火輪船剿辦更為得力」。[012] 曾國

---

[007] 宋晉：《水流雲在館奏議》卷下，光緒十三年刊本，第1、6頁。
[008] 中國史學會主編：《中國近代史資料叢刊：洋務運動》（後文簡稱《洋務運動》）第二冊，上海人民出版社1961年版，第229頁。
[009] 《籌辦夷務始末》，同治朝，第二一卷，第1頁。
[010] 中國史學會主編：《洋務運動》第二冊，上海人民出版社1961年版，第221頁。
[011] 中國史學會主編：《洋務運動》第二冊，上海人民出版社1961年版，第222頁。
按：此處所謂「水師」仍沿用習慣說法，所指就是海軍。
[012] 中國史學會主編：《洋務運動》第二冊，上海人民出版社1961年版，第222頁。

第一節　清政府試辦海軍

藩立即贊同，並強調指出：「購買外洋船炮，則為今日救時之第一要務。」[013]

西元1862年春天，太平軍在浙江迅速發展，連克寧波、杭州等城。清政府感到事機緊迫，於是決定「購買外國船炮，以資攻剿」[014]。

此後，清政府便開始了買船的活動。當時李泰國休假回國，代理總稅務司英國人赫德（Robert Hart）吹噓英國火輪船「價減而佳」[015]，提出願意幫助清政府購買。總理各國事務衙門經過多次與赫德磋商，同意由赫德函令李泰國（Horatio Nelson Lay）在英國承辦購船事宜。經商定，清政府先後3次共撥銀80萬兩，作為購買中號兵船3艘、小號兵船4艘的經費。並將這7艘兵船命名為「金臺」、「一統」、「廣萬」、「德勝」、「百粵」、「三衛」和「鎮吳」。

本來，按照清政府的計畫，這支花80萬兩銀子買來的艦隊開到中國後，「事權悉由中國主持」[016]，並擬派統帶巡湖營總兵蔡國祥統率這支船隊，參將盛永清、袁俊，游擊歐陽芳、鄧秀枝、周文祥、蔡國喜，都司郭得山等7人為各船管帶。哪知道李泰國借買船之機，從中大撈油水，在80萬兩船價之外又向清政府要求經費27萬兩。不僅如此，李泰國還濫

---

[013]《曾文正公全集》，奏稿，第十七卷，第4頁。
[014] 中國史學會主編：《洋務運動》第二冊，上海人民出版社1961年版，第241頁。
[015] 中國史學會主編：《洋務運動》第二冊，上海人民出版社1961年版，第234頁。
[016]《籌辦夷務始末》，同治朝，第二十卷，第3頁。

用權力，擅自招募英國軍官、水手600多人，並任命英國皇家海軍上校阿思本（Sherard Osborn）為艦隊司令。更難以容忍的是，李泰國與阿思本私立合約13條。根據這些條款，清政府須任命阿思本為總統（艦隊司令），不僅新購的7艘船歸他指揮，而且中國所有的「外國式樣船隻」均歸他管轄排程；阿思本只接受清朝皇帝的諭旨，且須由李泰國轉達，「若由別人轉諭，則未能遵行」；李泰國對皇帝的命令有權加以選擇，可以拒絕接受；艦上軍官、炮手、水手的選用，概由李泰國、阿思本決定。[017] 這實際上是妄圖把這支艦隊嚴格控制在英國侵略者的手中。

西元1863年7月間，李泰國將其擬定的合約草案遞交總理各國事務衙門後，立刻引起了朝野大譁。總理各國事務衙門也認為：「所立合約十三條，事事欲由阿思本專主，不肯聽命於中國，尤為不諳體制，難以照辦。」[018] 於是，總理衙門提出了《輪船章程》5條，其主要條款是：中國選派武職大員為漢總統（司令），延聘阿思本為幫同總統（副司令）；艦隊的一切行軍進止，聽中國主持，並接受駐泊地的總督、巡撫節制調遣；應隨時挑選中國人員上船實習。[019] 根據這些條款，李泰國再無插足這支船隊的餘地，阿思本的主要職責也只是「教練槍炮行駛輪船之法」。這樣，就會「兵權仍操自中國，

---

[017] 池仲祐編：《海軍實紀購艦篇》。
[018] 中國史學會主編：《洋務運動》第二冊，上海人民出版社1961年版，第247頁。
[019] 中國史學會主編：《洋務運動》第二冊，上海人民出版社1961年版，第248頁。

不至授人以柄」[020] 了。西元 1863 年 10 月，船隊開到中國。由於雙方意見難以達成共識，清政府只好支給李泰國經辦費 7,000 兩，付出高額的遣散費 37.5 萬兩，並賞阿思本銀 1 萬兩，令其將艦隊駛回英國變賣。這樣一買一賣，清政府白白地耗費了差不多 90 萬兩銀子。如下表 [021] 所示：

	支出（兩）	收回（兩）	虧損（兩）
船隻	650,000	467,500	182,500
炮位、火藥、兵器	420,000	101,786	318,214
李泰國經辦費	7,000		7,000
阿思本賞金	10,000		10,000
遣散費	375,000		375,000
合計	1,462,000	569,286	892,714

清政府初次試辦海軍，就這樣落了空。而李泰國本人也因「辦事刁詐，以致虛縻鉅款」[022]，被清政府革去總稅務司職務，灰溜溜地回國了。

二　創辦造船工業

清政府買船辦海軍的計畫失敗後，便開始轉向設廠造船來籌建海軍了。但是，究竟如何設廠造船，也要經過一個過程。一開始，有些洋務派的代表人物把這件事看得極為容易。

---

[020] 中國史學會主編：《洋務運動》第二冊，上海人民出版社 1961 年版，第 255 頁。
[021] 李泰國所買英國船隻，除 7 艘兵船外，還有探報船和薑船。表中將其支出價銀列入「炮位、火藥、兵器」等項內，收回價銀列入「船隻」項內，並不影響虧損合計數的準確性。
[022] 中國史學會主編：《洋務運動》第二冊，上海人民出版社 1961 年版，第 257 頁。

第一章　北洋艦隊的起源與籌建歷程

　　早在西元 1861 年，曾國藩在建議清政府買船的同時，便提出：「購成之後訪募覃思之士、智巧之匠，始而演習，繼而製造，不過一二年，火輪船必為中外官民通行之物。」[023] 他根本不了解造船必須依賴當時中國所達到的工業生產和技術水準，以為只用手工業生產方式，依樣畫葫蘆地仿造，不出一兩年便會成功。事實上，這樣做照樣是行不通的。西元 1863 年，曾國藩在安慶內軍械所仿造了一艘小輪船，「全用漢人，未僱洋匠」，結果「行駛遲鈍，不甚得法」。[024] 西元 1864 年，左宗棠在杭州也找手工匠人仿造了一艘小輪船，雖「型模初具」，但「試之西湖，駛行不速」。[025] 仿造輪船的失敗，使他們開始感到，造船必須採用機器生產和借重外國技術人才了。

　　西元 1866 年 2 月，中國南部的太平軍失敗。此後，族群矛盾逐步上升為中國社會的主要衝突。同年 6 月，左宗棠便向清政府建議設立福州船政局[026]，開廠造船。當時，左宗棠的建議，首先是從加強海防以防範西方侵略的角度來考慮的。他說：「自海上用兵以來，泰西各國，火輪兵船直達天津，藩籬竟成虛設，星馳飆舉，無足當之。」「而中國海船則日見其少，其僅存者船式粗笨，工料簡率。海防師船尤名

---

[023]《曾文正公全集》，奏稿，第十七卷，第 4 頁。
[024] 中國史學會主編：《洋務運動》第四冊，上海人民出版社 1961 年版，第 16 頁。
[025]《左文襄公全集》，奏稿，第十八卷，第 5 頁。
[026] 又名馬尾船政局，簡稱「閩廠」或「閩局」。

第一節　清政府試辦海軍

存實亡,無從檢校,致泰西各國群起輕視之心,動輒尋釁逞強,靡所不至。此時東南要務,以造輪船為先著。」[027]並再三說明不造輪船就無法抵抗西方的侵略:「西洋各國向以船炮稱雄」,「若縱橫海上,彼有輪船,我尚無之,形無與格,勢無與禁,將若之何?」[028]可見開辦福州船政局的宗旨,與三年前買船辦海軍以鎮壓太平軍為目的,是完全不同的。

西元 1866 年 8 月,福州船政局成立,開始選地建廠,購買機器、輪機、大鐵船槽等,聘請原寧波稅務司法國人日意格 (Prosper Marie Giquel) 和法國洋槍隊將領德克碑 (Paul-Alexandre Neveue d'Aiguebelle) 主持其事,並僱用 37 名法國技師和工匠監造輪船(以後洋人技師和工匠的數目又有增加)。左宗棠雖然聘用洋人造船,但絕不受制於洋人。他和洋人訂立合約,其中賞罰、去留、薪水、路費等都有明確的規定。該合約還特別規定:所聘用的外國技師和工匠,必須「教導中國員匠自按圖監造,並能自行駕駛」[029],「盡心教藝者,總辦洋員薪水全給;如靳不傳授者,罰扣薪水」[030]。而且合約由法國駐上海總領事白來尼畫押擔保,「令洋匠一律遵守」[031]。

---

[027] 中國史學會主編:《洋務運動》第五冊,上海人民出版社 1961 年版,第 5、19 頁。
[028] 中國史學會主編:《洋務運動》第一冊,上海人民出版社 1961 年版,第 18～19 頁。
[029] 中國史學會主編:《洋務運動》第五冊,上海人民出版社 1961 年版,第 26 頁。
[030] 中國史學會主編:《洋務運動》第五冊,上海人民出版社 1961 年版,第 6 頁。
[031] 中國史學會主編:《洋務運動》第五冊,上海人民出版社 1961 年版,第 26 頁。

第一章　北洋艦隊的起源與籌建歷程

　　從西元 1869 年到 1894 年，福州船政局共造輪船 34 艘。如下表[032]：

船名	船式	下水年度（西元）	排水量（噸）	馬力	航速（節）	造價（萬兩）
萬年清	運	1869	1,370	580	100	163
湄雲	炮	1870	515	320	90	106
福星	炮	1870	515	320	90	106
伏波	炮	1871	1,258	580	100	161
安瀾	炮	1872	1,258	580	100	165
鎮海	炮	1872	572	350	90	101
揚武	炮	1872	1,560	1,310	120	254
飛雲	炮	1872	1,258	580	100	163
靖遠	炮	1872	572	350	90	110
振威	炮	1873	572	350	90	110
永保	運	1873	1,353	580	100	167
海鏡	炮	1874	1,358	580	100	165
濟安	炮	1874	1,258	580	100	163
琛航	運	1874	1,358	580	100	164
大雅	運	1874	1,358	580	100	162
元凱	炮	1875	1,258	580	100	162
藝新	炮	1876	245	200	90	51
登瀛洲	炮	1876	1,258	580	100	162
泰安	炮	1877	1,258	580	100	162
威遠	炮	1877	1,268	750	120	195
超武	炮	1878	1,268	750	120	200

---

[032] 本表及後表原各項資料記載頗有出入，現用幾種資料對勘，擇善而從。

船名	船式	下水年度（西元）	排水量（噸）	馬力	航速（節）	造價（萬兩）
康濟	運	1879	750	750	120	211
澄慶	炮	1880	750	750	120	200
開濟	碰快	1883	2,200	2,400	150	386
橫海	炮	1884	1,230	750	120	200
鏡清	碰快	1884	2,200	2,400	150	366
寰泰	碰快	1887	2,200	2,400	150	366
廣甲	炮	1887	1,296	1,600	140	220
平遠	鋼甲	1889	2,100	2,400	140	524
廣庚	炮	1889	316	440	140	60
廣乙	魚雷快	1890	1,030	2,400	140	200
廣丙	魚雷快	1891	1,030	2,400	130	200
福靖	魚雷快	1893	1,030	2,400	130	200
通濟	練	1894	1,900	1,600	130	226

第一章　北洋艦隊的起源與籌建歷程

其中炮船、鋼甲船、碰快船和魚雷快船[033]28艘，運船5艘，訓練艦1艘。可見，福州船政局所造之船，主要用來防範外患。福州將軍慶春說：「閩廠製造兵輪船，原為捍衛海疆起見。」[034] 這話是正確的。

當時中國造船的主要工廠，除福州船政局外，還有江南製造總廠。[035] 這是西元1865年李鴻章署兩江總督時，在虹口鐵廠的基礎上開辦的。開辦之初，「以攻剿方殷，專造槍炮」[036]，其目的是用來鎮壓中國南方的太平軍的。西元1866年2月，南方太平軍堅持的鬥爭告一結束。5月，滬局繼閩廠之後，也開始製造輪船。西元1868年，江南製造總廠所造的第一號輪船竣工，命名「恬吉」[037]。「恬」者，「四海波恬」[038] 也。可見也含有保衛海疆防禦外來侵略的用意。

從西元1868年至1885年，江南製造總局共造輪船8艘。如下表[039]：

船名	船式	下水年度	排水量（噸）	馬力	航速（節）	造價（萬兩）
惠吉	炮	1868	600	392	90	81

---

[033] 鋼甲船、碰快船、魚雷快船皆屬巡洋艦，只是構造、性能有所不同。
[034] 中國史學會主編：《洋務運動》第二冊，上海人民出版社1961年版，第397頁。
[035] 又名上海機器局或江南機器局，簡稱「滬局」。
[036] 《曾文正公全集》，奏稿，第三三卷，第5頁。
[037] 後改稱惠吉。
[038] 中國史學會主編：《洋務運動》第四冊，上海人民出版社1961年版，第17頁。
[039] 本表是以《江南製造局記》卷三所附的〈製造表〉為基礎，並參考其他資料而製成。〈製造表〉沒載時速，而其他記載又多不正確，如說惠吉「每小時上

第一節　清政府試辦海軍

船名	船式	下水年度	排水量（噸）	馬力	航速（節）	造價（萬兩）
操江	炮	1869	640	425	90	83
測海	炮	1869	600	431	90	83
威靖	炮	1870	1,000	605	100	118
海晏	炮	1873	2,800	1,800	120	355
馭遠	炮	1875	2,800	1,800	120	319
金甌	鐵甲	1876	—	200	—	63
保民	鋼板	1885	—	1,900	110	223

西元1885年以後，江南製造總局專門修理南北洋兵輪船隻，就不再製造輪船了。

此外，西元1886年，兩廣總督張之洞還在廣東黃埔設廠，試造了小型淺水兵輪廣元、廣貞、廣亨、廣利4艘。

甲午戰爭以前，中國自己設廠造的船共46艘。[040]透過發展造船工業，清政府培養了中國第一批造船技術人才。例如，閩廠製造第5號安瀾輪船所用的汽鍋和輪機，便是在廠中自造的。到西元1874年，造船已能自行設計，「並無藍本，獨出心裁」[041]。後來，則乾脆「辭洋匠而用華人自造」，連法人監督也「資遣回國」了。[042]

水行七十餘里，下水行一百二十餘里」，操江「往返幾及二百里，不過兩時有餘」（中國史學會主編：《洋務運動》第四冊，上海人民出版社1961年版，第17、22頁），顯然有所誇大。故表中航速一欄，除操江、保民二船係根據有關資料外，餘均由推算得來，僅供參考。

[040] 此數字未將其他地方（如天津船塢）所造的民用小船統計在內。
[041] 中國史學會主編：《洋務運動》第五冊，上海人民出版社1961年版，第166頁。
[042]《左文襄公全集》，書牘，第十六卷，第2頁。按：閩廠後來又雇了一些洋匠。

第一章 北洋艦隊的起源與籌建歷程

在這同時，福州船政局還培養了一大批海軍人才。西元 1867 年，福州船政局設前後兩學堂，前學堂教授製造，後學堂教授駕駛，招生學習。甲午戰爭中著名的愛國將領劉步蟾、林泰曾、鄧世昌、林永升等，都是後學堂的第一屆畢業生。

如此一來，便為籌辦海軍初步奠定了基礎。有人說，福州船政局的設立，「是為中國海軍萌芽之始」[043]。這不是沒有道理的。

---

[043] 池仲祐：《海軍大事記》。

第二節　北洋艦隊的建立

一　三洋海軍初建

清政府從自己設廠造船以來，到西元 1874 年為止，共造了 20 艘船，其中閩廠 15 艘，滬局 5 艘。在這同期，清政府從國外買船 10 艘，其中炮船飛龍、鎮海、澄清、綏靖、恬波、安瀾、鎮濤、澄波、海東雲 9 艘，訓練艦建威 1 艘。這些船隻，由於噸位很小，裝備陳舊，加之分散各處，缺乏統一的指揮，只能用於沿海巡緝，根本無法抵禦他國的海上侵略。於是，如何籌組海軍的問題便被正式提上討論日程。。

西元 1874 年，發生了日本侵略臺灣的事件。這年 4 月，日本政府藉口琉球船民被臺灣原住民人民殺害一事，設置臺灣事務局，任命大隈重信為長官，在長崎設立侵臺基地。同時，又任命陸軍中將西鄉從道為臺灣事務都督，帶兵 3,000 侵臺。5 月，日本侵略軍在臺灣南部的琅（今名恆春）登陸。由於臺灣人民的堅決抵禦，侵略軍陷入困境。日本政府索償退兵。當然，這絕不意味著日本政府放棄其侵略臺灣的計畫。

針對這種情況，江蘇巡撫丁日昌提出了《海軍水師章程》6 條，建議成立北洋、東洋、南洋 3 支海軍。北洋海軍負責山東、直隸海面，設提督於天津；東洋海軍負責浙江、江蘇

海面，設提督於吳淞；南洋海軍負責廣東、福建海面，設提督於南澳。每洋海軍各設大兵船6艘，小兵船10艘，「三洋提督半年會哨一次」，以求達到「三洋聯為一氣」，「沿海要害，互有關涉，宜如常山之蛇，擊首尾應」。[044] 當時，直隸總督兼北洋通商大臣李鴻章，正在積極籌建海軍，他除了同意丁日昌三洋兵船「合成四十八艘」的意見外，還建議三洋各設鐵甲船2艘，「北洋駐煙臺、旅順等處，東洋駐長江口外，南洋駐廈門、虎門等處」。[045] 在當時來說，這些建議都是「隱為防禦日本之計」[046]。李鴻章說：「今之所以謀創水師不遺餘力者，大半為制馭日本起見。」[047]

在清政府籌建三洋海軍過程中，親王大臣們曾就買鐵甲船的問題展開了激烈的爭辯。如前所述，李鴻章建議三洋各買鐵甲船2艘，共購買6艘。反對購買鐵甲船的意見，則多從經濟方面著眼，如說：「籌辦洋人鐵甲船，經費太巨，即使得力，海洋遼闊，必得若干鐵甲船，始足彌縫其闕。此船一辦，每年一切耗用必多。」[048] 奕訢也認為：「中國現尚無此財力，未能定購。」[049] 但是，當時日本政府正大力擴充海軍，其侵略矛頭係對準中國，已毫無疑問。而日本之所以敢

---

[044]《籌辦夷務始末》，同治朝，第九十八卷，第23頁。
[045]《清史稿》，兵志，海軍。
[046] 中國史學會主編：《洋務運動》第二冊，上海人民出版社1961年版，第338頁。
[047] 中國史學會主編：《洋務運動》第二冊，上海人民出版社1961年版，第498頁。
[048] 中國史學會主編：《洋務運動》第二冊，上海人民出版社1961年版，第337頁。
[049] 中國史學會主編：《洋務運動》第二冊，上海人民出版社1961年版，第337頁。

第二節 北洋艦隊的建立

發動侵略戰爭,「正恃鐵甲船為自雄之具」。因此,許多親王大臣深切感到「中國無此船為可慮之尤」[050]。福建巡撫丁日昌更指出:「垷聞春夏間日本在英國新購鐵甲船二號,均已製成下水。該島距泰西遠而距中國近,且亦斷不敢與泰西為難。然則彼竭傾國之力而製此利器,其意果何為哉?」[051] 所以,當時所謂「購辦鐵甲船以為自強根本」[052]、「欲求自強,仍非破除成見,定購鐵甲不可」[053] 等說法,其用意主要是針對日本侵略者的擴張野心的。這場爭論持續了 6 年,直到西元 1880 年,清政府才決定由李鴻章函令駐德公使李鳳苞,向德國伏爾鏗廠訂造 2 艘鐵甲艦。[054] 與此同時,在清政府的官員之間,還發生了一場關於造船與買船的爭論。首先是在西元 1872 年,內閣學士宋晉以造船費用昂貴,請朝廷下令暫行停止。李鴻章和福建船政大臣沈葆楨「力陳當日船政締造艱難,揆以列強形勢,造艦培才,萬不可緩。得旨從之」[055]。但是,李鴻章在造船與買船問題上的主張始終是搖擺不定的。他在西元 1872 年不主張買船,向朝廷建議:「請飭沿江海各省,不得自向外購船,如有所需,向閩、滬二廠商報訂

---

[050] 中國史學會主編:《洋務運動》第二冊,上海人民出版社 1961 年版,第 337 頁。
[051] 中國史學會主編:《洋務運動》第二冊,上海人民出版社 1961 年版,第 370 頁。
按:1875 年,丁日昌由江蘇巡撫調任福建巡撫。
[052] 中國史學會主編:《洋務運動》第二冊,上海人民出版社 1961 年版,第 369 頁。
[053] 中國史學會主編:《洋務運動》第二冊,上海人民出版社 1961 年版,第 421 頁。
[054] 即定遠和鎮遠。此二艦製成後於 1885 年駛抵中國。
[055] 池仲祐:《海軍大事記》。

製,以節度支。」[056] 西元1874年,他又提出:「中國造船之銀,倍於外洋購船之價。今急欲成軍,須在外國定造為省便。」[057] 左宗棠的主張則是:「僱不如買,買不如自造。」[058] 他並非一概地反對買船,只是把買船視為是臨時權宜之計,其根本目的是期望達到一切船隻可以自造。正如有人所指出的那樣:「為目前計,只得購之洋人;為久遠計,必須自我製造。」[059] 爭論的結果是,清政府採取了造船與買船並重的方針,以加速海軍的成立。從西元1872年到1880年,清政府自己造船20艘。同期,從外國買船14艘,其中砲艦福勝、建勝和龍驤、虎威、飛霆、策電、鎮東、鎮西、鎮南、鎮北、鎮中、鎮邊等12艘,巡洋艦超勇、揚威2艘。

雖然清政府籌辦三洋海軍的方針已定,但限於財力,工作無法齊頭並進,只能有所側重,於西元1879年5月確定「先於北洋創設水師一軍,俟力漸充,由一化三」[060]。同年11月,李鴻章以從英國訂購的鎮東、鎮西、鎮南、鎮北4砲艦來華,北洋船隻漸多,便報請清政府將記名提督丁汝昌留任北洋海防,暫代督操之職,實際上是作為日後北洋海軍提

---

[056]《清史稿》,兵志,海軍。
[057] 中國史學會主編:《洋務運動》第一冊,上海人民出版社1961年版,第47頁。
[058] 中國史學會主編:《洋務運動》第五冊,上海人民出版社1961年版,第443頁。
[059] 中國史學會主編:《洋務運動》第一冊,上海人民出版社1961年版,第29頁。
[060] 中國史學會主編:《洋務運動》第二冊,上海人民出版社1961年版,第387頁。
　　按:先是於1875年,清政府派李鴻章督辦北洋海防事宜,兩江總督沈葆楨督辦南洋海防事宜。

第二節　北洋艦隊的建立

督的人選。不久，沈葆楨死於兩江總督任所。從此，海軍的一切規劃便專屬於李鴻章，乃設水師營務處於天津，辦理海軍事務，以道員馬建忠負責日常工作。西元1880年，李鴻章又在天津創辦水師學堂，以嚴復為總教習。並派英國人葛雷森為北洋海軍第一任總教習。西元1881年1月，李鴻章派丁汝昌去英國接收訂購的超勇、揚威2艘巡洋艦，於10月回國。同年9月，砲艦鎮中、鎮邊也由英國駛回。於是，李鴻章便奏請以提督丁汝昌帶領北洋海軍，並請求將三角形水師旗為長方形海軍旗，定尺寸為縱三尺、橫四尺，質地與章色照舊。[061] 如此一來，北洋海軍便擁有14艘艦隻，初具規模了。如下表：

艦名	艦種	排水量（噸）	馬力	航速（節）	制地	乘員	炮數（門）
超勇	巡洋	1,350	2,400	150	英	137	18
揚威	巡洋	1,350	2,400	150	英	137	18
康濟	練	1,300	750	120	閩	124	11
威遠	練	1,300	840	120	閩	124	11
泰安	通報	1,258	600	100	閩	180	7
湄雲	通報	515	400	90	閩	70	3
操江	運輸	640	425	90	滬	91	5
鎮海	運輸	572	350	90	閩	100	5
鎮東	炮	440	350	80	英	55	5
鎮西	炮	440	350	80	英	54	5

---

[061] 旗為黃底，藍龍，紅珠。

第一章　北洋艦隊的起源與籌建歷程

艦名	艦種	排水量（噸）	馬力	航速（節）	制地	乘員	炮數（門）
鎮南	炮	440	350	80	英	54	5
鎮北	炮	440	350	80	英	55	5
鎮中	炮	440	400	80	英	55	5
鎮邊	炮	440	400	80	英	54	5

丁汝昌

　　福建海軍[062]擁有艦隻11艘。由於其中9艘是西元1876年以前自己製造的，另2艘福勝、建勝砲艦，則係西元1876年購自美國，因此福建海軍比北洋海軍早5年就初步建立起來了。如下表[063]：

---

[062] 相當於丁日昌《海洋水師章程》所說的「南洋水師」。
[063] 福建海軍的艦隻數量屢有變動，此以西元1884年的艦數為準。又據池仲祐《海軍大事記》，福建海軍還有萬年清、元凱兩船。事實上，萬年清已於西元

第二節　北洋艦隊的建立

艦名	艦種	排水量(噸)	馬力	航速(節)	制地	乘員	炮數(門)
揚武	巡洋	1,560	1,130	120	閩	200	11
伏波	炮	1,258	580	100	閩	150	5
濟安	炮	1,258	580	100	閩	150	9
飛雲	炮	1,258	580	100	閩	150	7
福星	炮	515	320	90	閩	70	5
藝新	炮	245	200	90	閩	30	5
振威	炮	572	350	90	閩	100	5
福勝	炮	250	389	80	美	26	1
建勝	炮	250	389	80	美	26	1
永保	運輸	1,353	580	95	閩	150	3
琛航	運輸	1,358	580	95	閩	150	3

　　南洋海軍[064]的建立要比北洋海軍晚些。因為清政府原先規定，籌建海軍的經費由粵海關、江海關和江蘇、廣東、福建、浙江、江西、湖北六省的釐金內，每年提出400萬兩，從西元1875年7月起到1877年6月止，統歸北洋支配；從西元1877年7月起，則由南北洋各得半數。西元1883年，福州船政局建造了開濟艦，派遣南洋；南洋又向德國購南琛、南瑞兩艘巡洋艦。西元1884年，福州船政局又建造鏡清、橫海兩船，也派駐南洋。這樣，南洋海軍便擁有18艘艦艇了。如下表：

　　　　1881年停修，改為訓練艦；元凱調往浙江，歸南洋管轄。
[064] 相當於丁日昌《海洋水師章程》所說的「東洋水師」。

第一章　北洋艦隊的起源與籌建歷程

艦名	艦種	排水量（噸）	馬力	航速（節）	制地	乘員	炮數（門）
開濟	巡洋	2,200	2,400	150	閩	170	14
鏡清	巡洋	2,200	2,400	150	閩	190	14
南琛	巡洋	2,200	2,800	150	德	250	18
南瑞	巡洋	2,200	2,800	150	德	250	18
橫海	炮	1,230	750	120	閩	150	6
元凱	炮	1,258	580	100	閩	100	9
澄慶	炮	1,268	750	120	閩	150	6
馭遠	炮	2,800	1,800	—	滬	—	—
超武	炮	1,268	750	120	閩	150	7
登瀛洲	炮	1,258	580	100	閩	158	7
威靖	炮	1,000	605	125	滬	142	8
測海	炮	600	431	90	滬	120	8
靖遠	炮	572	350	90	閩	118	5
金甌	炮	195	200	125	滬	122	3
龍驤	炮	319	310	90	英	118	5
虎威	炮	319	310	90	英	118	5
飛霆	炮	400	270	90	英	60	6
策電	炮	400	270	90	英	60	6

至此，三洋海軍已初步成立。這三支海軍共擁有大小艦隻43艘，噸位共42,000多噸。[065]北洋艦隻分駐大沽、旅順、營口、煙臺，管轄奉天、直隸、山東海面；南洋艦隻分駐江寧、吳淞、浙江等地，負責江蘇、浙江海面；福建艦隻負責

---

[065] 其中北洋海軍10,925噸，福建海軍9,877噸，南洋海軍21,687噸，合計42,489噸。

第二節　北洋艦隊的建立

守海口與巡守臺灣、廈門以及瓊廉海面。在當時來說，這還是一支可觀的海軍力量。如果能夠統一指揮，領導得力，在抵禦外國侵略的戰爭中是可以發揮其應有的作用的。事實上，這在當時是不可能做到的。左宗棠說：「劃為三洋，各專責成，則畛域攸分，翻恐因此貽誤。」[066] 三洋互分畛域，不統一指揮，必然會導致嚴重的後果。

二　北洋艦隊成軍

三洋海軍雖然初具規模，但還沒有達到成軍的階段。西元1884年8月，福建海軍受到法國艦隊的突然襲擊，11艘兵船同時俱盡。[067] 這就是著名的馬尾海戰。[068] 這樣，福建海軍剛建立不久，就遭到夭折了。後雖勉強恢復，也只有7艘船。[069] 1885年2月，法國海軍侵擾浙江海面，南洋海軍的澄慶、馭遠二船被擊沉。南洋海軍雖然所受損失不大，但始終沒有多大發展[070]，沒有鐵甲艦，僅有的幾艘巡洋艦又陳舊落後，所以也還不能成軍。在中法戰爭中，李鴻章拒絕派艦去馬尾支援福建海軍，他提出的理由是：「北洋輪船皆小，本不足敵法之鐵艦大兵船」，「斷難遠去，去亦無益有損」。[071] 後

---

[066] 中國史學會主編：《洋務運動》第一冊，上海人民出版社1961年版，第114頁。
[067] 按：其中伏波、琛航2船，後又打撈出來修復使用。
[068] 又稱馬江海戰。
[069] 即琛航、福靖、伏波、藝新、超武、長勝、元凱7船。
[070] 後僅增加保民、寰泰、鈞和3船。
[071] 《清光緒朝中法交涉史料》第一卷，第6頁。

在督辦福建軍務左宗棠的要求下，李鴻章不得不表達配合姿態，派德國教習式百齡率超勇、揚威二艦南下，中途又以朝鮮發生內亂為藉口而撤回。因此，只有北洋海軍在中法戰爭中沒有受到任何損失。同時，由於清政府連年大力擴充艦船數量，北洋艦隊才算成軍了。

中法戰爭（西元1883～1885年）後，清政府與法國簽訂了一系列不平等條約。與此同時，英國、日本和沙俄也加強了其在遠東的侵略。中國的民族危機進一步加深了。在馬尾海戰中，由於清政府採取了妥協政策，各洋海軍又缺乏統一指揮，具體負責官員顢頇無鬥志，以及武器裝備落後，福建海軍遭到了全軍覆沒。如果具體地加以分析，我們就可以看到，對整個中法戰爭來說，清政府的妥協政策是中國失敗的主要原因。法國是「不勝而勝」，中國是「不敗而敗」。而就馬尾海戰而言，負責官員顢頇無鬥志又是福建海軍失敗的主要原因。至於福建海軍的武器裝備落後，也是其中的原因之一。這主要表現在三個方面：（一）船身以木料構成，不能抵禦強烈炮火；（二）火炮少，11艘船只有55門炮，[072]平均每船5門，而法艦10艘卻有88門炮，平均每船9門；（三）沒有魚雷艇，而法國艦隊則有魚雷艇2艘。會辦福建海疆事務張佩綸說：「馬江之役，法有魚雷而我無之，深受其害。」[073]

---

[072] 有的資料說是41門炮。
[073]《澗於集》奏議，第四卷，第86頁。

第二節 北洋艦隊的建立

雖有強調客觀之嫌，但也反映了一定的實情，如福建海軍的旗艦「揚武」號就是首先中雷沉沒的。事後，清政府當然不能從根本上接受失敗的教訓，只是一面處分戰守不力的文武官員，一面大力擴充海軍。

西元1885年6月21日，清政府在諭旨中宣稱：「當此事定之時，懲前毖後，自以大治水師為主。」[074]此舉對發展北洋海軍有利，因此李鴻章立表贊同，並譽之「洵為救時急務」[075]。他還建議清政府添設海部或海防衙門，以「統轄畫一之權」[076]。本來，西元1884年3月，總理各國事務衙門即有請設海軍專部的意見，而始終未見實行。至此，清政府始決定收回海軍，以統一指揮權。西元1885年10月，清政府設海軍衙門，任醇親王奕譞總理海軍事務，慶郡王奕劻及李鴻章為會辦，漢軍都統善慶和兵部右侍郎曾紀澤為幫辦。但實際大權仍操在李鴻章手中。他利用海軍衙門整頓海防的名義，把北洋海軍的建設推向了最高點。

從此，北洋海軍的發展便進入第二階段，即從初建到成軍的階段。在此階段中，北洋海軍的中心任務是增加品質較高的新艦。當時，這只能靠從西方買船來解決。是不是因為買船比造船便宜呢？確實有人以此為買船的理由。如李鴻章

---

[074] 中國史學會主編：《洋務運動》第二冊，上海人民出版社1961年版，第565頁。
[075] 中國史學會主編：《洋務運動》第二冊，上海人民出版社1961年版，第565頁。
[076] 中國史學會主編：《洋務運動》第二冊，上海人民出版社1961年版，第570頁。

就說過:「中國造船之銀,倍於外洋購船之價須在外國定造為省便。」[077] 其實,李鴻章的說法是片面的誇大之詞。一般地說,中國自造砲艦的工錢與買的價格相比,要便宜得多,品質也較好。中國自造的舊式巡洋艦的工錢與買的價格相比,也要便宜一些或大致相當,品質也不相上下。至於中國自造的新式巡洋艦,雖然表面上看起來比買的便宜,但品質根本不行,實際上只是加了一層鋼甲的舊式巡洋艦而已;而同買進的舊式巡洋艦相比,則費用確實將近「倍於外洋購船之價」。試比看下表[078]:

艦種	制地	艦名	噸位	馬力	航速(節)	價格(萬兩)
砲艦	美	福勝、建勝	350	389	80	120
	英	鎮東、鎮西、鎮南、鎮北	400	350	80	150
	閩	鎮海、靖遠、振威	572	350	90	109
	滬	測海、操江	620	428	90	83
舊式巡洋艦	英	超勇、揚威	1,350	2,400	150	325
	閩	鏡清、寰泰	2,200	2,400	150	365
	閩	廣甲	1,296	1,600	140	220
新式巡洋艦	英	致遠、靖遠	2,300	7,500	180	847
	德	經遠、來遠	2,900	5,000	155	870
	閩	平遠	2,100	2,400	145	524

[077] 中國史學會主編:《洋務運動》第一冊,上海人民出版社1961年版,第47頁。
[078] 表中,測海、操江的噸位和馬力係取二艦的平均數。

第二節 北洋艦隊的建立

由上表可知，根據當時中國的生產水準，要製造新式巡洋艦和鐵甲艦是不可能的。要改善艦隊的裝備品質，起初非從外國購船不可。何況在馬尾海戰中，中國的造船業基地福州船政局遭到破壞，短時期內連砲艦和舊式巡洋艦也不能製造了。直到3年後，福州船政局才開始造成新船。此後10年中，只造了10艘船，平均每年1艘，生產力大大下降了。當時有一些議論，諸如「鐵甲船有害無利」、「不可購買洋船，並不可仿照製造」、「豈有必效敵人長技始能備禦敵人之理」[079]之類，純粹是迂腐而不切實際的空談！

從西元1885年以來，北洋海軍購進的新船主要有三類：鐵甲艦、新式巡洋艦和魚雷艇。這些都是當時中國自己不能製造的。總計共添置新艦艇14艘，其中鐵甲艦定遠、鎮遠2艘，新式巡洋艦致遠、靖遠、經遠、來遠、濟遠5艘，魚雷艇福龍[080]、左一、左二、左三、右一、右二、右三7隻。

此外，還有一些艦隻調到北洋艦隊，如巡洋艦平遠和訓練艦海鏡、敏捷等。於是，北洋艦隊無論在裝備品質上還是在數量上，都有所提升。

西元1888年9月，北洋艦隊正式成軍。其全部陣容如下[081]：

---

[079] 中國史學會主編：《洋務運動》第一冊，上海人民出版社1961年版，第152、252頁。

[080] 福龍魚雷艇，乃西元1886年從德國購買的，歸福州調遣，西元1890年調至北洋。

[081] 表中所列的廣甲、廣乙、廣丙三艦，本屬廣東，西元1892年（光緒十八年）

第一章　北洋艦隊的起源與籌建歷程

艦名	艦種	乘員	噸位	馬力	航速（節）	火炮（門）	魚雷發射管（枚）	制地
定遠	鐵甲	329	7,335	6,000	145	22	3	德
鎮遠	鐵甲	329	7,335	6,000	145	22	3	德
經遠	巡洋	202	2,900	5,000	155	14	4	德
來遠	巡洋	202	2,900	5,000	155	14	4	德
致遠	巡洋	202	2,300	7,500	180	23	4	英
靖遠	巡洋	202	2,300	7,500	180	23	4	英
濟遠	巡洋	202	2,300	2,800	150	23	4	德
超勇	巡洋	137	1,350	2,400	150	18	3	英
揚威	巡洋	137	1,350	2,400	150	18	3	英
平遠	巡洋	145	2,100	2,400	140	11	4	閩
廣甲	巡洋	110	1,296	1,600	140	14	—	閩
廣乙	魚雷巡洋	110	1,030	2,400	150	9	4	閩
廣丙	魚雷巡洋	110	1,030	2,400	150	20	4	閩
鎮東	炮	55	440	350	80	5	0	英
鎮西	炮	54	440	350	80	5	0	英
鎮南	炮	54	400	350	80	5	0	英
鎮北	炮	55	440	350	80	5	0	英
鎮中	炮	55	440	400	80	5	0	英
鎮邊	炮	54	440	400	80	5	0	英
康濟	練	124	1,310	750	120	11	0	閩
威遠	練	124	1,268	840	120	11	0	閩

調來北洋隨同操演，隨後即留在北洋調遣。敏捷艦則係西元1888年12月所購外國帆船改為訓練艦的。為了便於敘述，一併附於表中。又，飛霆本為炮艦，後改為差船。

第二節 北洋艦隊的建立

艦名	艦種	乘員	噸位	馬力	航速（節）	火炮（門）	魚雷發射管（枚）	制地
海鏡	練	124	1,358	580	100	—	0	閩
敏捷	練	60	750	—	—	—	0	英
泰安	通報	180	1,258	600	100	5	0	閩
湄雲	通報	70	515	400	90	4	0	閩
操江	運輸	91	640	425	90	5	0	滬
鎮海	運輸	100	572	350	90	5	0	閩
飛霆	差	60	400	270	90	6	0	英
福龍	魚雷艇	30	115	1,500	230	4	3	德
左一	魚雷艇	29	108	1,000	240	6	3	英
左二	魚雷艇	28	108	600	190	2	2	德
左三	魚雷艇	28	108	600	190	2	2	德
右一	魚雷艇	28	108	600	180	2	2	德
右二	魚雷艇	28	108	597	180	2	2	德
右三	魚雷艇	28	108	597	180	2	2	德
定一	魚雷艇	7	16	91	150	2	1	德
定二	魚雷艇	7	16	91	150	2	1	德
鎮一	魚雷艇	7	16	92	150	2	2	德
鎮二	魚雷艇	7	16	91	150	2	2	德
中甲	魚雷艇	7	—	—	—	—	1	德
中乙	魚雷艇	7	—	—	—	—	1	德

除此之外，還有運輸船利運和差船寶筏，以及運煤船伏平、勇平、開平、北平等。總計大小艦艇近50艘，噸位約5萬噸。

035

第一章　北洋艦隊的起源與籌建歷程

　　北洋艦隊成軍後，雖然力量大為增強，但編制還是不夠完備。當時有「參稽歐洲各國水師之制，戰艦猶嫌甚少，運船太單，測量、探信各船皆未備，似尚未足雲成軍」[082] 之說，這是符合實際情況的。按當時的計畫，還準備添置「大快船一艘，淺水快船四艘，魚雷快船二艘」，「魚雷艇六艘，訓練艦一艘，運船一艘，軍火船一艘，測量船一艘，信船一艘」，「以之防守遼渤，救援他處，庶足以壯聲威而資調遣」。[083] 醇親王奕譞卻認為「聲勢已壯」[084]。李鴻章於西元1891年5月校閱北洋海軍時，看到表面的軍容之盛，也頗自鳴得意。他說：「綜核海軍戰備，尚能日異月新，目前限於餉力，未能擴充，但就渤海門戶而論，已有深固不搖之勢。」[085] 可是，到他在西元1894年5月校閱北洋海軍時，卻完全變了樣：「中國自十四年北洋海軍開辦以後，迄今未添一船，僅能就現有大小二十餘艘，勤加訓練，竊慮後難為繼。」[086] 為什麼會有這種變化呢？因為他看到了「船式日異月新」，「即日本蕞爾小邦，猶能節省經費，歲添鉅艦」的現實。[087] 到這時，李鴻章似乎覺察到，就中日兩國海軍的力量對比而言，

---

[082] 《北洋海軍章程》。
[083] 《北洋海軍章程》。
[084] 中國史學會主編：《洋務運動》第三冊，上海人民出版社1961年版，第64頁。
[085] 中國史學會主編：《洋務運動》第三冊，上海人民出版社1961年版，第146頁。
[086] 中國史學會主編：《洋務運動》第三冊，上海人民出版社1961年版，第193頁。
　　　按：此處所謂「二十餘艘」，並不包括魚雷艇、差船、運煤船等。
[087] 中國史學會主編：《洋務運動》第三冊，上海人民出版社1961年版，第193頁。

第二節　北洋艦隊的建立

中國已居於劣勢了。

　　本來，當北洋艦隊成軍時，它的實力是超過了日本海軍的。當時日本擁有艦隻 17 艘，可以作戰的僅 5 艘，其中浪速、高千穗 2 艘是比較新式的巡洋艦，而扶桑、金剛、比睿 3 艘雖號稱「鐵甲」，但機器陳舊，速度遲緩，[088] 已非海上作戰的利器。可是，從那以後，日本政府銳意擴建海軍，6 年間添置 12 艘軍艦，平均每年 2 艘。特別是西元 1891 年以後，日本在 3 年間添置戰鬥力很強的新式戰艦 6 艘，其中有海防艦[089]嚴島、松島、橋立 3 艘，巡洋艦吉野、秋津洲、千代田 3 艘。這樣一來，日本海軍的裝備水準便遠遠超過了北洋艦隊。相反地，北洋艦隊自從成軍以後，清政府即決定停止購艦。西元 1891 年，北洋海軍右翼總兵劉步蟾以日本「增修武備，必為我患」，力陳於李鴻章，「請按年添購如定、鎮者兩艦，以防不虞」。[090] 山東巡撫張曜也建議清政府「淘汰陳舊艦隻，節省經費，以之另造鐵甲堅船」[091]。清政府皆以軍費拮据為由，仍照議暫停。而醇親王奕譞卻為了討好慈禧太后，趁機挪用海軍經費修建頤和園，把海防建設完全棄置不顧了。

　　因此，北洋艦隊的成軍，也就象徵著它的發展進入了第三階段，即停滯的階段。

---

[088] 時速僅 13 海里。
[089] 即鐵甲艦。
[090] 池仲祐：《劉軍門子香事略》。
[091] 中國史學會主編：《洋務運動》第二冊，上海人民出版社 1961 年版，第 615 頁。

第一章　北洋艦隊的起源與籌建歷程

第二章
北洋艦隊的體制組織與訓練

第二章　北洋艦隊的體制組織與訓練

第一節　北洋艦隊的編制與領導者

一　北洋艦隊與李鴻章

說起北洋艦隊，不能不提到李鴻章。北洋艦隊是李鴻章一手籌辦起來的。從北洋艦隊的建立到它的最後覆滅，李鴻章一直是它的最高領導者。

北洋艦隊的興建，正當帝國主義對中國加緊侵略的時刻，「倭逼於東南，俄環於西北」[092]，「外警之迭起環生者，幾於無歲無之」[093]。當時一些清朝官員認為成立海軍就可以制止外國的侵略，如說：「方今外洋環伺，迭起釁端」，「彼所以肆意要挾者，亦以我之海軍未立也」；[094]「挫外夷之凶焰而折其謀，而其端則必自海軍始」[095]。因此，當時籌建北洋海軍完全是根據防範外國侵略的需求，是符合中國的民族利益的。

李鴻章

---

[092] 中國史學會主編：《洋務運動》第一冊，上海人民出版社1961年版，第208頁。
[093] 薛福成：《庸盦內外編》，海外文編，第二卷，第6頁。
[094] 劉秉璋：《劉文莊公奏議》第四卷，第12頁。
[095] 中國史學會主編：《洋務運動》第三冊，上海人民出版社1961年版，第32頁。

早在西元 1870 年，李鴻章就任直隸總督兼北洋大臣時，就提出了「整頓海防」[096] 的建議。這個建議的目的，正如他後來在〈籌議海防摺〉中所說：「洋人論勢不論理，彼以兵勢相壓，我第欲以筆舌勝之，此必不得之數也。夫臨事籌防，措手已多不及。若先時備預，倭兵亦不敢來，烏得謂防務可一日緩哉！」[097] 李鴻章對日本侵略的猜測是錯誤的，但他整頓海防是針對日本的侵略擴張，則是毫無疑問的。

可是，辦海軍需要大量船隻，這些船隻從哪裡來呢？到西元 1874 年為止，中國自造的船隻共 20 艘，安排於沿海地區。天津只分到 1 艘鎮海。這顯然是無濟於事的。於是，李鴻章提出：「今急欲成軍，須在外國定造為省便。」[098] 在他的主持下，北洋艦隊的艦艇主要是購自外國的，如下表所示。[099]

中國紀年	西元	船名	船式	國名
光緒元年	1875 年	龍驤、虎威、飛霆、策電	砲艦	英
光緒五年	1879 年	鎮東、鎮西、鎮南、鎮北、鎮中、鎮邊	砲艦	英
光緒七年	1881 年	超勇、揚威	巡洋艦	英

[096] 中國史學會主編：《洋務運動》第一冊，上海人民出版社 1961 年版，第 24 頁。
[097]《李文忠公全書》，奏稿，第二十四卷，第 1 頁。
[098] 中國史學會主編：《洋務運動》第一冊，上海人民出版社 1961 年版，第 47 頁。
[099] 龍驤、虎威、飛霆、策電 4 炮艦於西元 1880 年撥歸南洋調遣。

第二章　北洋艦隊的體制組織與訓練

中國紀年	西元	船名	船式	國名
光緒十一年	1885 年	定遠、鎮遠	主力艦	德
		濟遠	巡洋艦	
光緒十二年	1886 年	福龍	魚雷艇	德
光緒十三年	1887 年	左一	魚雷艇	英
		左二、左三、右一、右二、右三	魚雷艇	德
光緒十四年	1888 年	致遠、靖遠	巡洋艦	英
		經遠、來遠	巡洋艦	德

在北洋艦隊初建之際，從國外購進艦隻，這本是十分必要的。但是，李鴻章卻把發展海軍的希望完全寄託在買船上，而不是像日本那樣，買船與造船並重，並以發展自造為主。西元 1878 年以前，日本的造船水準還落後於福州船政局，而西元 1884 年前後，就與福州船政局不相上下了。到西元 1894 年，日本的造船能力已遠遠超過了福州船政局，可以自造 3,000 噸級的巡洋艦（如秋津洲）和西元 4,000 噸級的主力艦（如橋立）了。後來，北洋艦隊因無力更新而出現「後難為繼」的情況，便是李鴻章這一方針帶來的必然結果。

第一節 北洋艦隊的編制與領導者

在籌建艦隊的同時,李鴻章還聘用了一些洋員。他們主要擔任教習、管駕、管輪和管炮。一般地說,聘用一定數量的洋員做技術工作,是必要的。何況艦隊上的洋員數量並不多,並且逐漸減少。但是北洋艦隊的總教習一職,李鴻章是始終任用洋員擔任的。李鴻章聘用洋人總教習,一方面是由於需要他們負責訓練,另一方面也有一定的政治目的。李鴻章在對待外國侵略時,往往藉助於洋人總教習的身分。例如,西元1884年中法戰爭時,李鴻章派超勇、揚威二艦去上海,就是由德國人式百齡帶領的。西元1890年以後,北洋艦隊有4年多的時間沒設總教習。可是,甲午戰爭剛爆發,李鴻章就迫不及待地要聘請總教習了。漢納根(Constantin von Hanneken)本是德國陸軍軍官,馬格祿(John McClure)乃是英國拖船的船長,皆非海軍軍官出身,對於海上作戰茫然無知,李鴻章偏要聘請他們充當總教習,顯然不是指望他們幫助訓練,而是要借用他們的洋人身分。

另外,李鴻章也常有盲目相信而濫用洋員的情形。例如,西元1894年12月,美國人晏汝德、浩威(George Howie)「挾奇技來投效」,「其術近於作霧」,據稱能夠運兵登岸,活捉敵船,使雷艇靠近敵戰船,而「敵不能看見」。[100]這分明是一個騙局,而李鴻章卻認為「留之必有用處」[101]。其

---

[100] 中國史學會主編:《中國近代史資料叢刊:中日戰爭》(後文簡稱《中日戰爭》)第三冊,新知識出版社1956年版,第259～260頁。
[101] 中國史學會主編:《中日戰爭》第三冊,新知識出版社1956年版,第269頁。

第二章　北洋艦隊的體制組織與訓練

他濫用洋員的情況，也是不少的。但是，對於某些妄圖攫取艦隊指揮權的洋員，李鴻章卻是抵制的。

李鴻章身為北洋艦隊的最高領導者，不但掌握了艦隊的指揮權，而且掌握了艦隊的人事權。清政府最高當局對北洋艦隊的一切命令，只有透過李鴻章才能發生效力。當時即有人指出：李鴻章「擁兵自衛，不權緩急，專以保護畿輔為名，盧朝廷亦無以奪之，則是水師者非中國沿海之水師，乃直隸天津之水師；非海軍事務衙門之水師，乃李鴻章之水師也」[102]。這還是道出了一些實情的。由於清政府的腐敗以及統治階級內部鬥爭的制約等原因，北洋艦隊發展成軍後便處於停滯狀態，這不能完全歸咎於李鴻章。但李鴻章所搞的任人唯親一套做法，卻帶給了北洋艦隊極壞的影響。例如，關於拆除威海南幫龍廟嘴炮臺的問題，丁汝昌與駐威海陸軍將領劉超佩等的意見有分歧，而李鴻章卻支持劉超佩等的錯誤意見，嚴厲批評丁汝昌，無非是因為劉超佩是他的至親。[103] 再如，在黃海海戰中，濟遠管帶方伯謙和廣甲管帶吳敬榮同樣是臨陣逃跑，而事後方伯謙在旅順被斬頭，吳敬榮卻以「人尚明白可造」[104] 而逍遙法外，無非是因為吳敬榮是李鴻章的鄉親。因為李鴻章採取的的是任人唯親的做法，必然要是非不明、賞罰不公，這就促成了北洋艦隊內部的派系鬥爭

---

[102] 中國史學會主編：《洋務運動》第三冊，上海人民出版社 1961 年版，第 17 頁。
[103] 戚其章：《中日甲午威海之戰》，山東人民出版社 1962 年版，第 59、62 頁。
[104] 中國史學會主編：《中日戰爭》第三冊，新知識出版社 1956 年版，第 130 頁。

第一節　北洋艦隊的編制與領導者

和某些腐敗現象的發展。對此，李鴻章是不能辭其咎的。

尤為重要的是，在外國侵略日益加緊的情況下，李鴻章不是把北洋艦隊當作一支打擊侵略者的軍事力量，而是把它視為維持個人權勢的政治籌碼，頂多對外產生一點威懾的作用。對於北洋艦隊的作用，李鴻章就公開說過：「亦不過聊壯聲威，未敢遽云禦大敵也。」[105] 所以在整個甲午戰爭中，根據李鴻章本人的政治外交上的需求，在軍事上始終推行了一條「避戰保船」的方針。李鴻章從來沒有讓北洋艦隊主動地進攻和打擊敵人。豐島海戰是在日艦偷襲的情況下發生的；黃海海戰是一場遭遇戰，主動進攻的仍是日本艦隊；黃海海戰後，李鴻章命令北洋艦隊深縮威海港內，「有警時，丁提督應率船出，傍臺炮線內合擊，不得出大洋浪戰」[106]，堅決實行「避戰保船」的方針。直到日本侵略軍進攻威海之際，李鴻章還口口聲聲「鐵艦能設法保全尤妙」[107]。這樣，就使北洋艦隊在戰爭中始終處於消極被動的地位，無法有效地打擊敵人。

總之，北洋艦隊是李鴻章建立起來的，最後又毀滅在他自己手裡。成由其人，敗亦由其人。應該說，北洋艦隊是李鴻章平生的得意之作，但在抵禦外國侵略的戰爭中卻沒有發揮出應有的作用。對此，李鴻章是逃脫不了罪責的。至於對

---

[105]《李文忠公全書》奏稿，第七十二卷，第 4 頁。
[106] 中國史學會主編：《中日戰爭》第四冊，新知識出版社 1956 年版，第 302 頁。
[107] 中國史學會主編：《中日戰爭》第四冊，新知識出版社 1956 年版，第 317 頁。

北洋艦隊廣大將士的評價，則要同李鴻章分開。對具體問題要進行具體分析。不能因為否定了李鴻章，就連整個北洋艦隊及其廣大將士都否定了。

二　北洋艦隊的編制

早在西元1881年，北洋艦隊創立之初，道員薛福成即擬定《酌議北洋海防水師章程》，但未頒行。[108] 西元1888年9月，於北洋艦隊成軍的同時，《北洋海軍章程》正式頒布。北洋海軍副將劉步蟾參加了章程的草擬，「一切規劃，多出其手」[109]。劉步蟾在英國學過海軍，「涉獵西學，功深伏案」[110]，故章程除吸取了薛福成《酌議北洋海防水師章程》的部分內容外，「內多酌用英國法」[111]。

薛福成　　　　　　《北洋海軍章程》

---

[108] 見劉錦藻《清朝續文獻通考》，兵考，海軍，浙江古籍出版社1988年版。
[109] 李錫亭：《清末海軍見聞錄》。
[110] 中國史學會主編：《中日戰爭》第七冊，新知識出版社1956年版，第544頁。
[111] 中國史學會主編：《洋務運動》第八冊，上海人民出版社1961年版，第284頁。

第一節　北洋艦隊的編制與領導者

　　章程規定了艦隊的編制，包括艦隻配備和人員定額，計軍艦 25 艘，官兵 4,000 餘人。[112]根據成軍之初的編制，全軍分為中軍、左翼、右翼和後軍：中軍為致遠、靖遠、經遠 3 艦；左翼為鎮遠、來遠、超勇 3 艦；右翼為定遠、濟遠、揚威 3 艦；後軍包括守口砲艦鎮東、鎮西、鎮南、鎮北、鎮中、鎮邊 6 艘，魚雷艇左一、左二、左三、右一、右二、右三 6 艘，訓練艦威遠、康濟、敏捷 3 艘，運輸艦利順 1 艘。當時認為船隻仍太少，還計劃陸續添置。事實上，後來除從別處調來少數小型艦艇外，基本上沒有得到擴充。

　　北洋艦隊的官制，仍按清朝舊制：設海軍提督 1 員，統領全軍，提督衙門設在威海劉公島上；總兵 2 員，分左右兩翼，各統帶鐵甲艦，為領隊翼長；副將以下各官員，根據他們所帶艦艇的大小，職事的輕重，按品級分別安排。總兵以下各官員，都住在艦上，不另設衙門。副將以下官員的固定分配，計有：副將 5 員，參將 4 員，游擊 9 員，都司 27 員，守備 60 員，幹總 65 員，把總 99 員，經制外委 43 員。

　　北洋艦隊的官員有兩種：一是戰官；一是藝官。藝官大都是管輪學堂出身，擔任各艦管輪或司汽機。戰官的出身比較複雜，大致有四種情況：（一）由水師學堂出身，或畢業後又出國深造，兼備天文、地理、槍炮、魚雷、水雷、汽機、駕駛諸學及戰守機宜，充當各艦管帶或大副、二副、三副等

---

[112]《北洋海軍章程》所說軍艦 25 艘，後屢有調整充實，故實際上不止此數。

第二章　北洋艦隊的體制組織與訓練

職；(二)出海官學生出身，在國外學習海軍，充當各小艦艇管帶或大副、二副、三副等職；(三)船生出身，或在中國船上實習，或在洋船上實習，充當各小艦艇管帶或大副、二副、三副等職；(四)長江水師員弁出身，後轉入海軍任職，人數極少，但資格甚老，皆充當管帶等職。茲將北洋艦隊主要戰官的出身情況列表如下，以資參考。

第一節　北洋艦隊的編制與領導者

出身	姓名	籍貫	軍級	職務	備考
福州船政學堂學生	劉步蟾	閩	總兵	定遠管帶	船政學堂第一屆學生，西元1876年留英
	林泰曾	閩	總兵	鎮遠管帶	船政學堂第一屆學生，西元1876年留英
	鄧世昌	粵	副將	致遠管帶	船政學堂第一屆學生
	葉祖珪	閩	副將	靖遠管帶	船政學堂第一屆學生，西元1876年留英
	林永升	閩	副將	經遠管帶	船政學堂第一屆學生，西元1876年留英
	邱寶仁	閩	副將	來遠管帶	船政學堂第一屆學生
	方伯謙	閩	副將	濟遠管帶	船政學堂第一屆學生，西元1876年留英
	黃建勳	閩	參將	超勇管帶	船政學堂第一屆學生，西元1876年留英
	林履中	閩	參將	揚威管帶	船政學堂第三屆學生
	李和	粵	都司	平遠管帶	船政學堂第一屆學生
	薩鎮冰	閩	游擊	康濟管帶	船政學堂第二屆學生，西元1876年留英
	林穎啟	閩	游擊	威遠管帶	船政學堂第二屆學生，西元1876年留英
	藍建樞	—	都司	鎮西管帶	船政學堂第三屆學生
	林國祥	粵	都司	廣乙管帶、濟遠管帶	船政學堂第一屆學生，由廣東調北洋
	程璧光	粵	都司	廣丙管帶	船政學堂第五屆學生，由廣東調北洋

049

第二章　北洋艦隊的體制組織與訓練

出身	姓名	籍貫	軍級	職務	備考
出海官學生	蔡廷幹	粵	都司	福龍管帶	第二批官學生，西元1873年留美
	吳敬榮	皖	都司	廣甲管帶	第三批官學生，西元1874年留美，由廣東調北洋
	黃祖蓮	皖	都司	濟遠二副、廣丙大副	第四批官學生，西元1875年留美
	陳金揆	粵	都司	致遠大副	第四批官學生，西元1875年留美
	沈壽昌	蘇	都司	濟遠大副	第四批官學生，西元1875年留美
船生	楊用霖	閩	護理總兵	鎮遠大副、署鎮遠管帶	在中國船學習
	陳策	閩	都司	經遠大副	在中國船學習
	柯建章	閩	守備	濟遠二副	在中國船學習
	江仁輝	閩	都司	定遠大副	在中國船學習
	王永發	浙	參將	操江管帶	在洋船學習
	李士元	一	守備	左二管帶	在中國船學習，又留德學魚雷
	劉芳圃	一	守備	右二管帶	在中國船學習，又留德學魚雷
	徐永泰	一	守備	右一管帶	在中國船學習，又留德學魚雷
長江水師員弁	丁汝昌	皖	提督	統領全軍	西元1879年李鴻章奏留北洋差遣
	屠宗平	皖	游擊	湄雲管帶	原駐牛莊，後駐營口

第一節　北洋艦隊的編制與領導者

　　由上表可知，福州船政學堂學生是北洋艦隊的主要核心成員和中堅力量，出海官學生和船生次之。李鴻章說，北洋「所需管駕、大副、二副、管理輪機炮位人員，皆借材於閩省」[113]。這的確是真實情況。這是一批中國最早的海軍人才。其中，多數在保衛海疆的戰鬥中表現英勇，例如沈壽昌、柯建章在豐島海戰中戰死，鄧世昌、林永升、黃建勳、林履中、陳策在黃海海戰中犧牲，黃祖蓮在威海海戰中陣亡，丁汝昌、劉步蟾、楊用霖則拒降自殺。當然也有一些民族敗類，如王永發在豐島海戰中投降敵人，方伯謙、吳敬榮在黃海海戰中臨陣脫逃，蔡廷幹、李士元、劉芳圃、徐永泰在威海海戰中乘機逃跑。但是，看其主流，仍算是一批難得的海軍人才。

　　戰官的升擢主要有三途：（一）作戰有功，如黃海海戰後，右翼總兵劉步蟾以提督記名簡放，由漢字勇號強勇巴圖魯賞換清字勇號格洪額巴圖魯；升用參將左翼中營游擊楊用霖免補參將，以副將盡先補用。（二）接船有功，如西元1885年接在德國訂造的定遠、鎮遠、濟遠3艦到了中國，以「遠涉風濤數萬里，俱臻平穩」[114]，儘先游擊劉步蟾免補游擊，以水師參將儘先補用，儘先千總邱寶仁以守備儘先補用；1888年接在英、德兩國訂造的致遠、靖遠、經遠、來遠4艦

---

[113] 中國史學會主編：《洋務運動》第二冊，上海人民出版社1961年版，第460～461頁。
[114] 中國史學會主編：《洋務運動》第三冊，上海人民出版社1961年版，第10頁。

第二章　北洋艦隊的體制組織與訓練

來華，鄧世昌、葉祖珪、林永升、邱寶仁均賞給漢字勇號。（三）訓練有功，如西元 1891 年李鴻章檢閱北洋海軍後，即賞給鄧世昌、葉祖珪、林永升、邱寶仁清字勇號，賞給方伯謙漢字勇號。這三項擢升標準，對選拔人才具有一定作用。但是，李鴻章在提拔人才時往往破壞這三項標準，如廣乙管帶林國祥本是豐島海戰中的逃將，毀艦登岸後，便被日軍俘虜，「聽命立永不與聞兵事狀」[115]，而黃海海戰後卻升為濟遠管帶，這就不能不引起軍心不服，從而影響了士氣。

按北洋艦隊的編制，炮手以上為官員，其服裝同於陸軍，但夏季可戴草帽，故水手背地稱官員為「草帽兒」。官員的品級從頂子上分，職別從袖飾上分。炮手的袖飾是一條金龍；管帶、大副、二副的袖飾都是二龍戲珠，只是珠子顏色不同，管帶的珠子紅色，大副的珠子藍色，二副的珠子金色。因此，官員的品級和職別可以一目了然，顯示出艦隊內等級的森嚴。[116]

水手頭以下為士兵。士兵的來源，除少數係從原登州、榮成水師轉來的[117]以外，一般都是從威海、榮成、文登一帶農民、漁民和城鎮人民中招募。應募的條件是：第一，年齡以 16 歲至 18 歲為合格，16、17 歲身高 4 尺 6 寸（約 153 公

---

[115] 中國史學會主編：《中日戰爭》第一冊，新知識出版社 1956 年版，第 65 頁。
[116] 據《鎮北艦水手苗秀山口述》（1961 年）。
[117] 中國史學會主編：《洋務運動》第二冊，上海人民出版社 1961 年版，第 462 頁。

分）以上為率，18 歲 4 尺 7 寸（約 157 公分）為率；第二，略能識字，必須自書姓名；第三，有父兄或保人畫押作證；第四，凡刑傷罪犯之人，概不招募。招募時，由練勇學堂督操官或訓練艦管帶官會同駕駛大副、醫官三人目測合選，然後錄取。

士兵包括水手頭、水手和練勇，各有等級。炮手雖屬官員，但均由一等水手考升，職位最低，類似士兵，也有等級。如下表[118]：

職稱	等級	每月餉銀（兩）
炮手	一等	180
	二等	160
水手頭	正	140
	副	120
水手	一等	100
	二等	80
	三等	70
練勇	一等	60
	二等	50
	三等	45

按《北洋海軍章程》，練勇以 250 人為定額。事實上，後來招募練勇的數目遠遠突破了這個定額。例如，西元 1891 年即在威海、榮成一帶招練勇 7 個排，每排 200 人，共 1,400

---

[118] 據《來遠艦水手陳學海口述》（1956 年）。

第二章　北洋艦隊的體制組織與訓練

人。[119] 各艦遇到水手請假、革退、病故等情況，即在練勇中挑補，以保證艦隊人員不至於缺額。所以，所謂「練勇」實即見習水手。

北洋艦隊士兵的升級條例，係仿照英制，規定十分嚴格。凡應募的士兵，初上訓練艦，都是三等練勇。三等練勇在海上實習 1 年，經考核合格者，由訓練艦管帶提升為二等練勇；不合格者繼續學習。二等練勇考升一等練勇，年齡須在 19 歲以上，在訓練艦管帶官、駕駛大副、槍炮大副以及炮弁的主試下，合格才提升為一等練勇；不合格者繼續學習。凡三等水手缺額，須在一等練勇中調補，不必再考。二等水手缺額，須在三等水手中考升。所派考官與考試一等練勇相同。一等水手缺額，須在二等水手中考升，派槍炮大副為考官，熟悉大砲操法，且能發令操演洋炮、手槍各技，方為合格。副水手頭的缺額，由一等水手內考升。正水手的缺額，則由副水手的按資擢升，不再考試。凡一等水手年齡在 30 歲以下，熟悉大砲、洋槍、手槍等操法，引信使用，以及操演隊法，並善於打靶、略能識字，即可應考炮手，由槍炮訓練艦大副主試，槍炮訓練艦管帶官錄取。考在前列者為一等炮手，在後者為二等炮手，無缺可補即作為候補炮手。

以上練勇、水手、炮手的等級和考試升級規定，反映了當時軍艦上的細密分工和嚴格的考核制度，但也有不少形式

---

[119] 據《來遠艦水手陳學海口述》（1956 年）。

主義的東西。如規定應募練勇的年齡為 16 歲到 18 歲,但據調查,有不少三等練勇只有 15 歲。再如規定三等練勇須在船上實習 1 年才能考升二等練勇,在實踐中也不是完全能行得通的。威海劉公島漁民苗秀山於西元 1894 年 8 月應募當三等練勇,9 月就升為二等練勇,12 月升三等水手,於次年 1 月又提升為二等水手。前後才 7 個月,他就連升 4 級。[120] 而有的當了 2 年多三等練勇,也沒有升上三等水手。[121] 儘管如此,這些條例對北洋艦隊選拔熟練的水手和炮手,還是發揮了應有的作用的。

三　北洋艦隊中的洋員

按北洋海軍的編制,洋員無定額,有的在艦上,有的在岸上,數量很不穩定。過去我們總是採取簡單化的方法,對洋員全盤否定,這不是實事求是的態度。

當時清政府從國外購進幾批新式戰艦,需要大量駕駛輪機、炮火等方面的軍事技術人才。要滿足這種需求,只有兩個辦法:一是派人出去學,二是請人進來教。在這兩個辦法中,清政府主要採取了第一個辦法。根據這個辦法,福州船政學堂曾先後派出 3 批學生共 67 人[122],出國學習。清政府

---

[120] 據《鎮北艦水手苗秀山口述》(1961 年)。
[121] 據《練勇營練勇苗國清口述》(1957 年)。
[122] 第一批是在西元 1876 年,派出製造學生 14 人,藝徒 7 人,駕駛學生 12 人,共 33 人;第二批是在西元 1881 年,派出學生 10 人;第三批是在西元 1885 年,派出製造學生 14 人,駕駛學生 10 人,共 24 人。

第二章　北洋艦隊的體制組織與訓練

還先後派 4 批官學生出國學習，共 120 人，回國後也多半轉入海軍。[123] 另外，北洋艦隊和水師學堂還派出一些人員出國學習。但是，僅依靠第一個辦法，還是不能完全解決問題。清政府又不得不輔之以第二個辦法。不是清政府願意這樣做，而是當時形勢逼迫它這樣做。薛福成說，「外侮日迫，極圖借才異國，迅速集事，殆有不得已之苦衷」[124]，便道出了這種隱情。

那麼清政府和洋員之間究竟是什麼關係呢？有人說，是一種被控制和控制的關係。這是不符合事實的。實際上，基本上是屬於僱傭的關係。他們主要擔任駕駛、機務、炮務等極具技術性的工作。清政府聘用洋員，必立合約，其中賞罰、進退、工薪、路費等都有明文規定。合約規定的期限有長有短，長者 3 年或 5 年，短者只有數月。清政府對洋員實行高薪政策，例如定遠、鎮遠、濟遠三艦人員共 856 人，每月薪糧銀共 15,311 兩，平均每人約 18 兩；洋員 43 人，每月薪水共 6,008 兩，平均每人約 140 兩，是中國人員的 8 倍。[125] 總教習琅威理月薪高達 775 兩。[126] 甚至艦上一名洋炮手的月

---

[123] 這 4 批官學生，分別於西元 1872 年、1873 年、1874 年、1875 年出國，每批 30 人。其中病故或因事故撤回者 26 人，學成歸國者 94 人。在這 94 人中，有 50 人分派到北洋海軍。
[124] 薛福成：《庸盦內外編》，海外文編，第二卷，第 31 頁。
[125]《李文忠公全書》，海軍函稿，第一卷，第 1 頁。見所附〈北洋海防月支各款摺〉。
[126] 中國史學會主編：《洋務運動》第三冊，上海人民出版社 1961 年版，第 86 頁。

薪也有達到 300 兩的 [127]，為中國炮手的 18 倍。清政府花這麼高的代價僱洋員，遇到濫竽充數的洋員怎麼辦？遇到這種情況，清政府可以隨時「分別辭退」[128]。

當然，也有少數是具有政治野心的洋員，如定遠副管駕英國人泰萊就是一個典型。泰萊於西元 1894 年 5 月進入北洋艦隊後，即時刻企圖攫取艦隊的指揮權，成為「操實權之作戰將官」[129]。不僅如此，泰萊還企圖控制整個中國海軍。他曾與總教習德國人漢納根合謀，購買智利製造的 6 艘巡洋艦，加上德國和英國製造的各 1 艘，組成一支新艦隊。這支新艦隊開到中國後，與北洋艦隊合成一軍，由他擔任全軍水師提督。[130] 但泰萊的夢想終於由於劉步蟾等愛國將領的堅決反對而歸於幻滅。泰萊想步李泰國之後塵，結果也和李泰國一樣遭到了失敗。這說明，外國侵略分子想控制中國艦隊不是那麼容易的。雖有少數洋員有破壞活動，但從整體上看，這終究是個別情況。

清政府和洋員之間是一種僱傭關係，清政府是僱方，就應該操有自主之權。清政府提出的原則是：「一切排程機宜，事權悉由中國主持。」[131] 從北洋艦隊建立之日起，直到它最

---

[127] 谷玉霖《甲午之戰威海拾零回憶記》：「有一英人炮手，月薪三百兩……中國炮手替他取了個綽號，叫『三百兩』。」
[128] 中國史學會主編：《洋務運動》第四冊，上海人民出版社 1961 年版，第 246 頁。
[129] 泰萊：《甲午中日海戰見聞記》。
[130] 戚其章：《應該為劉步蟾恢復名譽》，《破與立》1978 年第 5 期。
[131] 中國史學會主編：《洋務運動》第二冊，上海人民出版社 1961 年版，第 249 ～

第二章　北洋艦隊的體制組織與訓練

後覆沒,從未違背這條原則。所以,它所僱用的洋員都帶有臨時性質,而且數目也在不斷地減少。例如,西元 1885 年,定遠、鎮遠、濟遠 3 艦從德國駕駛上路時,共僱用洋員 455 人,到中國後只留下 43 人;西元 1888 年,致遠、靖遠、經遠、來遠 4 艦從英國和德國駕駛前往中國時,僱用洋員 32 人,到中國後只留下 13 人。北洋艦隊剛成軍的時候,主要戰艦上還有 50 多名洋員,到西元 1894 年便逐步減少到 8 名了。廣東巡撫蔣益澧說:「船上舵工炮手,初用洋人指南,習久則中國人亦可自駛。」[132] 這一點,北洋艦隊基本上是做到了的。

也有人認為洋人任總教習則是外國侵略者控制北洋艦隊的象徵,這也是不正確的。北洋艦隊共聘用過 6 任總教習,其名單如下:

總教習		國籍	任期
第一任	葛雷森 (Will Clayson)	英	西元 1880 年 9 月,由海關總稅務司赫德推薦
第二任	琅威理 (William Lang)	英	西元 1879 年 11 月,由赫德推薦,但未就任。1883 年 3 月始到職。1884 年 8 月,因中法戰爭而迴避去職
第三任	式百齡 (Siebelin)	德	西元 1884 年 6 月,清駐德公使李鳳苞在德國延募,同年 10 月到職

250 頁。
[132] 中國史學會主編:《洋務運動》第五冊,上海人民出版社 1961 年版,第 11 頁。

第一節 北洋艦隊的編制與領導者

總教習		國籍	任期
第四任	琅威理	英	西元 1886 年 5 月，超勇管帶林泰曾等請重聘琅威理復職，琅威理再次回到北洋艦隊。1890 年初，因發生爭掛督旗事件而辭職
第五任	漢納根（Constantin von Hanneken）	德	西元 1894 年 8 月，由李鴻章聘任。同年 11 月，漢納根提出要求以提督銜任海軍副提督，賞穿黃馬褂，掌指揮實權，未允，遂不到船任職
第六任	馬格祿（John Mclure）	英	西元 1894 年 11 月，由李鴻章聘任，直到 1895 年 2 月北洋艦隊覆滅

在這 6 任總教習中，琅威理任期最長，兩次任職，時間長達五六年，應該是最有權的了。其實不然。早在西元 1879 年，清政府想聘用琅威理為總教習時，赫德即「嫌其無權」，提出：「須有調派弁勇之權。」[133] 結果怎麼樣呢？只用一個事例便足以說明了。西元 1890 年，北洋艦隊巡泊香港，「丁汝昌嘗因事離艦，劉子香撤提督旗而代以總兵旗。時琅威理任海軍總教習，掛副將銜，每以副提督自居，則質之曰：『提督離職，有我副職在，何為而撤提督旗？』劉子香答：『水師慣例如此。』」[134]。琅威理不服，「以電就質北洋，北洋覆電

---

[133] 中國史學會主編：《洋務運動》第三冊，上海人民出版社 1961 年版，第 297、301 頁。
[134] 李錫亭：《清末海軍見聞錄》。

第二章　北洋艦隊的體制組織與訓練

以劉為是」[135]。由此可知，總教習無論加什麼頭銜，都不過是虛銜，並非實職。試想，連掛旗的資格都沒有，還有什麼指揮權呢？關於琅威理，英國專欄作家於得利說得很對：「他的支配權最多只及於船舶運用術及炮術而已，至於行政則由中國人掌握最高權。」[136] 其實，在覬覦北洋艦隊權力問題上碰壁的，何止總教習琅威理一人！另一名總教習漢納根不也是因要求以提督銜任海軍副提督掌握實權而碰壁，才不到船任職嗎？

總之，無論總教習還是普通洋員，清政府和他們一般都是僱傭關係。他們當中少數人的非分要求和攬權企圖，總因受到抵制而難以得逞。不少洋員盡忠職守，是有所貢獻的。特別是主力戰艦上的洋員，其中不少人在黃海海戰中和中國愛國將士並肩戰鬥，並且表現得很勇敢。如幫辦定遠總管輪德國人阿璧成（Albrecht），兩耳雖在海戰中被砲彈震聾，卻毫不畏避，仍然奮力救火。致遠管理機務英國人余錫爾（Alexander Purvis），重傷後繼續戰鬥，與船同殉。定遠管理炮務英國人尼格路士（Thomas Nicholls），見船首管理炮火的洋員受傷，急至船首，代司其事；不久，艙面火起，又捨生救火，最後中炮身亡。此外，如定遠總管炮務德國人哈卜門（Heckman）和幫辦鎮遠管帶美國人馬吉芬（Philo McGiffin），都因

---

[135] 池仲祐：《海軍大事記》。
[136] 中國史學會主編：《洋務運動》第八冊，上海人民出版社1961年版，第441頁。

親冒炮火而負傷。黃海海戰「洋員在船者共有八人，陣亡二員，受傷四員」[137]。他們的鮮血是和中國愛國將士的鮮血灑在一起的。所以，對北洋艦隊中的洋員問題，必須作具體的分析，不能籠統地肯定或否定。

[137] 中國史學會主編：《中日戰爭》第三冊，新知識出版社 1956 年版，第 156 頁。

第二節　北洋艦隊的教育與訓練

　　北洋艦隊的建立，需要大量熟練的專門人員和水手。人從哪裡來？主要靠教育和訓練。

　　清政府最早設立的海軍教育機構，是福州船政學堂。福州船政學堂設於西元 1867 年，先在福州城內白塔寺、仙塔街兩處招生，初名求是堂藝局，學生稱「藝童」。另外，又從廣東招來已通英文學生鄧世昌等 10 人，作為外學堂「藝童」。後以廠舍落成，學堂遷回馬尾，分製造、駕駛兩學科，習製造為前學堂，習駕駛為後學堂。甲午戰爭以前，福州船政學堂共畢業學生 12 屆 160 人，特別是前五屆的畢業生當中，有不少人成為北洋艦隊的高級將領和技術核心。

　　北洋艦隊建立之初，所需的管駕、大副、二副，以及管理輪機和炮位人員，皆自福州船政學堂「借調」而來。西元 1879 年，兩江總督沈葆楨死後，海軍的規劃權責遂專屬於李鴻章。西元 1880 年 8 月，李鴻章奏准於天津設水師學堂，以前船政大臣光祿寺卿吳贊誠為總辦，留英船政學生嚴復為總教習。西元 1881 年，水師學堂在天津衛城東三里落成，開始招生。但按原訂學堂章程，學生每月贍養銀只有 1 兩，報考者寥寥無幾。

第二節　北洋艦隊的教育與訓練

　　西元 1882 年 10 月,改訂章程,規定學生每月贍養銀為 4 兩;見學期限為 5 年;考試成績優等者,遞加贍銀,並賞功牌、衣料;學有成就,破格錄用,等等。於是,天津水師學堂逐步走上正軌。清政府辦水師學堂的目的,「原思亟得美材,大張吾軍」,以期「今日之學生,即他年之將佐」。[138] 天津水師學堂確實為北洋艦隊培養了一批技術人才。在這一批學生中,「文理通暢,博涉西學」[139]者甚多。到甲午戰爭時,艦上的魚雷大副、駕駛二副、槍炮二副、船械三副等職務多由他們充當。繼天津水師學堂之後,清政府又在北京西郊設立了一所水師學堂。

　　西元 1886 年 5 月,清政府派醇親王奕譞、北洋大臣李鴻章、漢軍都統善慶檢閱海陸軍,並巡視沿海炮臺。以培養海軍人才為名,在北京頤和園西牆外昆明湖左邊建築校舍,名為昆明湖水師學堂。西元 1887 年冬天,校舍落成。西元 1888 年 1 月底,昆明湖水師學堂開始上課。第一屆學生 36 人,於西元 1893 年冬天畢業。嗣後,又招收第二屆學生 40 名,還未到畢業,甲午戰爭就爆發了。昆明湖本不是訓練海軍人才的適宜之所,設水師學堂只不過是為慈禧修頤和園而掩人耳目而已。加上第一屆畢業生剛到艦上實習,人數又少,故在甲午戰爭中沒有什麼突出的表現。

---

[138] 張燾:《津門雜記》卷中,第 19 頁。
[139] 余思詒:《航海瑣記》。

第二章　北洋艦隊的體制組織與訓練

　　北洋所設的第三所水師學堂在威海。西元 1890 年，北洋海軍提督丁汝昌建議在威海設立水師學堂，以便就近兼習駕駛、魚雷、水雷、槍炮等技術。隨即在劉公島西端向南坡地上建築校舍 70 餘間，名為威海水師學堂。其操場及應用器械兼供練勇營並艦隊共用。威海水師學堂總辦由提督丁汝昌兼領，洋教習由美國人馬吉芬充任。學堂所有規章制度，除內外堂課有變通外，其管理、獎勵等項都按照天津水師學堂章程辦理。同年冬天，趁北洋艦隊南巡之便，在上海、福建、廣東等地招收學生 36 名。西元 1891 年 5 月，開始授課。另有自費學生 10 名入學，共計 46 名學生。西元 1894 年 10 月，第一屆學生 30 名畢業。按學堂規定，畢業學生放假回籍。不久，日本侵略軍進攻威海，這批學生尚休假在家，故未來得及參加戰鬥。

　　除水師學堂之外，清政府還在旅順設魚雷學堂一所。早在西元 1881 年，清政府就在旅順設立了魚雷營。西元 1883 年又在威海金線頂設立了魚雷營。西元 1890 年，為了培養急需的魚雷人才，北洋決定設學堂於旅順口魚雷營內，名為旅順口魚雷學堂，派魚雷營總辦劉含芳兼管堂務，聘魚雷專家德國人福來舍為教習。課程以魚雷為主，兼習德文、演算、航海等科目。迄甲午戰爭爆發，先後畢業 3 屆學生，共 23 名，派充北洋艦隊魚雷副、魚雷弁等職務。此外，又代江南水師學堂培訓魚雷學生 6 名，結業後也留在北洋艦隊任職。

第二節　北洋艦隊的教育與訓練

　　以上教育機構，主要是培養艦隊上所需要的專門人才。另外，根據守衛海口的需求，清政府從西元 1881 年以來，在渤海灣沿岸的旅順、大連、山海關、北塘、大沽等地，先後設水雷營 5 處。[140] 設水雷營，便需用水雷人才。因此，除在大沽、旅順水雷營內附設水雷學堂外，又於西元 1891 年在威海港南北岸各設水雷營 1 處，各 136 人，南岸水雷營附設水雷學堂。同時，清政府還在山海關設武備學堂 1 所，在威海設槍炮學堂 1 所。山海關武備學堂的規模跟威海水師學堂的規模差不多，也招收學生三四十人。威海槍炮學堂共招收 2 屆學生，每屆約 30 人。

　　所有這些學堂，都聘有少數洋教習。專業課程的教學多由洋教習主持。另外，還有一定數量的中國教習任課。聘用洋教習時，先訂立合約，規定任職年限和薪水待遇等。薛福成曾記錄了一部分洋教習的合約內容：「魚雷水雷學堂教習羅覺斯，光緒十三年正月到北洋水師行營，合約以三年為期，每月俸薪三百五十兩。雷匠威廉在英僱募，教習北洋水師施放水雷一切用法，並裝配拆卸修理水雷等事，合約以三年為期，每月薪水一百五十兩。操炮教習雷登‧費納寧、賴世、錫倫司、希勒司、古納爾共六員，於光緒十二年十一月到營，合約以三年為期，每月薪水各一百三十兩。魚雷教習紀

---

[140] 據李鴻章〈北洋海防月支各款摺〉（光緒十一年十一月二十九日），各水雷營的官兵人數是：旅順 133 人，山海關 108 人，北塘 128 人，大沽 229 人。大連官兵人數不詳。

第二章　北洋艦隊的體制組織與訓練

奢、貝孫、海麥爾共三員,於光緒十三年正月到營,合約以三年為期,每月薪水各一百三十兩。」[141] 洋教習的薪水最低130兩,最高350兩,平均是中國教習薪水的十幾倍。這些被清政府僱傭的洋教習,多數能夠按合約辦事,有一定的教學效果。據一位參觀過學堂的英國人說,學生們在洋教習的教授下,對於所學的原理「已有十分充足的知識」[142]。清政府採取的方針是,「完全堅決地要盡量不依賴外國人,並避開外國的勢力」[143]。對洋教習中少數招搖撞騙或不聽中國排程者,清政府有時就將他們辭退。

關於北洋艦隊的訓練,則有明確的規定:逐日小操;按月大操;立冬以後,全艦隊赴南洋,與南洋艦隊的南瑞、南琛、開濟、鏡清、寰泰、保民等艦合操,巡閱江蘇、浙江、福建、廣東各海口,直至新加坡以南各島,兼資歷練;每逾三年,欽派親王大臣與北洋大臣出海檢閱。[144]

每日例行小操,是一切操練的基礎,在北洋艦隊裡是最受重視的。這種操練每天都要進行,所以又叫做「常操」。艦上常操都有固定時間,依照季節調整訓練時長。據現在所看到的一份「秋季操單」,規定每天上午八點三刻至十一點三

---

[141] 薛福成:《出使英法義比四國日記》第三卷,嶽麓書社1985年版,第19頁。
[142] 中國史學會主編:《洋務運動》第八冊,上海人民出版社1961年版,第396頁。
[143] 中國史學會主編:《洋務運動》第八冊,上海人民出版社1961年版,第394頁。
[144]《清史稿》,兵志,海軍。

第二節　北洋艦隊的教育與訓練

刻、下午兩點至四點為操練時間。[145]常操有兩種。第一種，是艦內常操，主要使水手演習四輪炮操法、大砲操法、洋槍操法、刀劍操法等。這種常操每天上下午都要進行一次。凡水手，都是由練勇提升的，都在訓練艦上受過這些操法的訓練。訓練艦之設，最早始於福州船政學堂。西元1869年，福州船政學堂購買普魯士帆船一艘，改為學生訓練艦，取名建威。北洋艦隊開始設訓練艦，是在西元1880年。北洋艦隊的訓練艦，原先只有一艘康濟。西元1886年，又從英商手裡購買一艘帆船改為訓練艦，取名敏捷。後來，又將威遠、海鏡兩艘砲艦改作訓練艦。這樣，便基本上滿足了北洋艦隊訓練水手的需求。第二種，是艦隊常操。艦隊常操因只在每天巳時進行，故又稱「巳刻操」。據記載，西元1887年，鄧世昌、葉祖珪、林永升、邱寶仁到英、德兩國接帶致遠、靖遠、經遠、來遠四艦，在歸途中就每天進行這種常操，「時或操火險，時或操水險，時或作備攻狀，時或作攻敵計，皆懸旗傳之」[146]。西元1894年9月17日，北洋艦隊在大東溝完成護航任務之後，也按規定進行了艦隊常操。[147]

　　進行艦隊常操，主要是為了訓練陣法。北洋艦隊的陣法100餘式，其中最常用的有10式，如下表所示：

---

[145] 余思詒：《航海瑣記》。
[146] 余思詒：《航海瑣記》。
[147] 川崎三郎：《日清戰史》第七編，東京博文館西元1897年版，第四章，第52頁。

第二章　北洋艦隊的體制組織與訓練

陣式	說明
魚貫陣	分單行、雙行、三行、小隊、鼎足、四維 6 種
雁行陣	分一字、雙疊、三疊、小隊、鼎足、四維 6 種
蝦鬚陣	張翼向前，督船在後，如包抄敵船，即麋角陣
燕剪陣	督船先行，分左右次第斜排前進，即人字陣，或稱凸梯陣
鷹揚陣	分左翼、右翼 2 種；合之則稱雙翼陣，即後翼梯陣
蛇蛻陣	間隊前行，更番迭進
叢隊陣	眾船群攻一船
犄角陣	每隊 3 船，互成犄角之勢；或用 2 船，成犄角小隊陣
互易陣	左攻其前，右攻其後
波紋陣	一前一後，彌縫互承，即鱗次陣，或作夾縫陣

這 10 種陣式中，魚貫陣和雁行陣是最基本的陣式，變化最多。訓練陣法，首先要學好這兩種基本陣式。這兩種陣式還可與其他陣式結合，形成新的陣式。同時，任何一種都不是固定陣法，而是可以互相變化的。每種陣法本身，都包含著集中和分散兩種因素。可化集中為分散，也可變分散為集中。因此，在變化陣式時，必須處理好集中與分散的關係，才能做到「種種變化，神妙不窮」[148]。軍隊的全部組織和作戰方式，取決於物質的條件。上述陣法，與當時的軍艦發展水準基本上是相適應的。後來在黃海海戰中，北洋艦隊一度屈居劣勢，主要是沒處理好集中與分散的關係，並不是陣法本身的問題。[149]

---

[148] 余思詒：《航海瑣記》。
[149] 參見本書第五章、第六節。

第二節　北洋艦隊的教育與訓練

　　北洋艦隊成軍後，曾進行過兩次檢閱：第一次，是在西元 1891 年；第二次，是在西元 1894 年。檢閱是對艦隊訓練工作和作戰能力的一次全面檢查。所以，除了檢查操演船陣以外，還要檢查各艦和全軍的實彈演習。檢閱之後，根據這兩項的成績來定賞罰。

　　這就是北洋艦隊的教育與訓練的大體情況。

第二章　北洋艦隊的體制組織與訓練

第三章
北洋艦隊的據點與戰力規模

第三章　北洋艦隊的據點與戰力規模

第一節　北洋艦隊的基地

一支艦隊的組成，必須有駐泊艦隻的港口和修理艦隻的船塢，所以基地是不可少的。

北洋艦隊初建之前，北洋只有幾艘砲艦，屯泊大沽口。西元 1880 年 8 月，為了迎接從英國訂造的超勇、揚威兩艘巡洋艦到華，清政府調登州、榮成水師艇船及弁兵到大沽操演，以便艦到時配用。西元 1881 年 9 月，清政府在大沽海口選購民地，建造船塢，並設水雷營和水雷學堂。這樣，大沽口便成為北洋艦隻的臨時基地。

大沽口的地理形勢，不適合大艦隊的長期駐泊。所以，清政府又想以旅順口為海軍重地。西元 1880 年冬天，先在旅順築黃金山炮臺，為旅順設防的開端。西元 1881 年 10 月，超勇、揚威兩艦從英國駛抵大沽，李鴻章親往驗收，並乘往旅順查看口岸形勢。為什麼要選擇旅順口作為北洋艦隊的基地呢？當時西方國家選擇海軍基地的條件有六：「水深不冷，往來無阻，一也；山列屏障，可避颶，二也；路連腹地，易運糗糧，三也；近山多石，可修船塢，四也；瀕臨大洋，便於操練，五也；地出海中，以扼要隘，六也。」而旅順口恰

好「兼此六要」。[150] 同年，清政府在旅順設了水雷營、魚雷營和屯煤所，並置備了挖泥船，以濬深海港。於是，旅順的海防和建港工程便全面開始了。

旅順海岸炮臺的修建，花了 7 年的時間，到西元 1886 年基本上已經完成，共分兩個炮臺群：一是口西海岸炮臺[151]；二是口東海岸炮臺。[152] 西炮臺包括：威遠炮臺，有 15 公分口徑炮 2 門；黃金山炮臺，有 24 公分口徑重炮 1 門、輕炮 2 門，12 公分口徑炮 4 門，格林炮 4 門；黃金山下炮臺，有 15 公分口徑炮 4 門；蠻子營炮臺，有 15 公分口徑炮 4 門；饅頭山炮臺，有 24 公分口徑重炮 1 門、輕炮 2 門，12 公分口徑炮 2 門；城頭山炮臺，有 12 公分口徑炮 2 門，8 公分口徑炮 4 門；老虎尾炮臺，有 21 公分口徑炮 2 門。東炮臺包括：摸珠礁炮臺，有 20 公分口徑炮 2 門，15 公分口徑炮 2 門，8 公分口徑炮 4 門；老礪嘴炮臺，有 24 公分口徑炮 4 門；老礪嘴後炮臺，有 12 公分口徑炮 2 門。總計東西炮臺共有炮臺 9 座，大砲 48 門。此後，又增修炮臺 4 座，添置大砲 23 門。從西元 1889 年開始，又環繞旅順背後，陸續修築陸路炮臺 17 座，有各種大砲 78 門。於修炮臺的同時，清政府調總兵張光前統親慶軍 3 營駐守西炮臺，總兵黃仕林統親慶軍 3 營駐守東炮臺，四川提督宋慶統毅軍 9 營 1 哨專防旅順後路。

---

[150] 張蔭桓：《三洲日記》第五卷，第 10 頁。
[151] 俗稱「西炮臺」。
[152] 俗稱「東炮臺」。

第三章　北洋艦隊的據點與戰力規模

以上三軍，均轄屬北洋大臣。

西元 1888 年 5 月，清政府為鞏固旅順後路，並兼防金州（今屬遼寧大連），又決定在大連灣修建炮臺。到西元 1893 年，共花 6 年的時間，建成海岸炮臺 5 座：黃山炮臺，有 21 公分口徑炮 2 門，15 公分口徑炮 2 門；老龍頭炮臺，有 24 公分口徑炮 4 門；和尚山西、中、東三炮臺，共有 21 公分口徑炮 2 門，15 公分口徑炮 2 門。陸路炮臺則為徐家山炮臺，有 15 公分口徑炮 4 門。總計炮臺 6 座，大砲 24 門。這 6 座炮臺，「堅而且精，甲於北洋」。特別是其中老龍頭、和尚山東炮臺和徐家山旱炮臺，「此三臺之精堅，尤勝於各臺」[153]。大連灣的駐守部隊，為提督劉盛休所統的銘軍 8 營，亦轄屬北洋大臣。另設北洋前敵營務處，以道員充任，代理北洋大臣處理日常事務，有「隱帥」之稱。擔任此職的先有劉含芳，繼任者為龔照璵。這樣，旅順、大連二地，互為犄角，防務極為嚴密。但正如左宗棠所說：「戰事還憑人力，亦不專在槍炮也。」[154] 後來旅順、大連之失，不是防務不堅，完全是守將的貪生怕死和畏縮不前，而將炮臺拱手讓敵。

至於旅順的船塢，因工程浩大，一直進展遲緩。西元 1885 年 11 月，清政府從德國訂造的定遠、鎮遠、濟遠 3 艦到華，李鴻章親往驗收，並乘赴旅順視察建港情況。這時，

---

[153] 薛福成：《出使英法義比四國日記》第六卷，嶽麓書社 1985 年版，第 5 頁。
[154]《左文襄公全集》，書牘，第二四卷，第 52 頁。

第一節　北洋艦隊的基地

正值中法戰爭之後，清政府決意「大治水師」。李鴻章也認為：「為保守畿疆計，尤宜先從旅順下手。」[155] 雖然「浚澳築塢，工費過巨」，「先其所急，不得不竭力經營」。[156] 特別是定遠、鎮遠 2 艘鐵甲艦到中國後，旅順船塢的修建更是刻不容緩。李鴻章說：「鐵艦收泊之區，必須有大石塢預備修理，西報所譏有鳥無籠，即是有船無塢之說，故修塢為至急至要之事。」[157] 西元 1886 年 5 月，清政府派奕譞、李鴻章、善慶檢閱海陸軍，並巡視海防工程。不久，為加快旅順船塢的施工進度，即決定將工程包給法商德威尼承辦。到西元 1890 年 10 月，旅順船塢始全部竣工。這是一個大工程，當時被稱為「海軍根本」[158]，「其規模宏敞，實為中國塢澳之冠」[159]。

北洋艦隊的基地除旅順外，還有威海。威海的設防雖較旅順晚，但地位卻越來越重要。本來早在西元 1875 年，山東巡撫丁寶楨〈籌辦海防摺〉即有以威海為海軍基地之議，他說：「威海地勢緊束，三面皆係高山，唯一面臨海，而外有劉公島為之封鎖，劉公島北、東兩面為二口門島。東口雖寬，水勢尚淺，可以置一浮鐵炮臺於劉公島之東，而於內面建一砂土炮臺，海外密布水雷，閉此一門，但留島北口門為我船

---

[155] 中國史學會主編：《洋務運動》第三冊，上海人民出版社 1961 年版，第 323 頁。
[156] 中國史學會主編：《洋務運動》第二冊，上海人民出版社 1961 年版，第 567 頁。
[157] 中國史學會主編：《洋務運動》第三冊，上海人民出版社 1961 年版，第 322 頁。
[158] 中國史學會主編：《中日戰爭》第一冊，新知識出版社 1956 年版，第 35 頁。
[159] 薛福成：《出使英法義比四國日記》第四卷，嶽麓書社 1985 年版，第 1 頁。

第三章　北洋艦隊的據點與戰力規模

出入。其北口門亦有山環合，可以建立炮臺，計有三砂土炮臺於內，有二浮鐵炮臺於外，則威海一口可以為輪船水寨。輪船出與敵戰，勝則可追，敗則可退而自固，此威海之防也。」[160] 當時，不少人也有此議，如說：「北洋形勝，威海衛島嶼環拱，天然一水寨也。」[161] 甚至認為：「旅順口形勢不及威海衛之扼要，將來北洋似應以威海為戰艦屯泊之區，而以旅順為修船之所，較為合宜。」[162] 但是，當時限於財力，清政府決定威海的海防工程「俟北洋餉力既裕乃辦」[163]。

西元1881年，威海開始為北洋艦隊停泊之地。[164] 同年，北洋水師開來威海。初來時，只有12條船：快船超勇、揚威，蚊子船鎮東、鎮西、鎮南、鎮北、鎮中、鎮邊，訓練艦操江、鎮海、康濟、威遠。但當時只在威海劉公島設有機器廠和屯煤所，北洋的艦隻也是臨時屯泊，故還稱不上基地。同年，清政府決定在威海設魚雷局，但迄未興辦。西元1883年，始由候補道劉含芳主持，在威海金線頂建了魚雷營。西元1885年，山東巡撫張曜專程來威海考察，並接見當地士紳學者名流，詢問提督署衙建立何處為宜。[165] 李鴻章專力於旅順船塢工程，仍認為：「察度北洋形勢，就現在財力布置，自

---

[160]《丁文誠公奏稿》第十二卷，第12頁。
[161] 張蔭桓：《三洲日記》第七卷，第71頁。
[162] 薛福成：《出使英法義比四國日記》第六卷，嶽麓書社1985年版，第5頁。
[163] 張蔭桓：《三洲日記》第七卷，第71頁。
[164] 據《練勇營練勇苗國清口述》(1957年)。
[165] 戚廷階：《威海始末》。

第一節　北洋艦隊的基地

以在旅順建塢為宜。」[166] 直到1887年，李鴻章始奏派綏、鞏軍各4營到威海，以道員戴宗騫為統領。戴宗騫自帶綏軍4營駐威海城郊和北岸：正營在北竹島村；副營在南竹島村；左營在北門外；後營在天后宮後。分統總兵劉超佩帶鞏軍四營駐威海南岸：中營在溝北村；前營在城子村；右營在百尺崖所城外；炮隊營在海埠村東尒。西元1888年，又調派護軍2營駐劉公島，以總兵張文宣為統領。這時，威海的海防工程才全面地展開。

根據德國人漢納根的設計，威海基地的第一期工程以修建海岸炮臺為主，共計8座炮臺：威海北岸的北山嘴、祭祀臺築炮臺2座；南岸的鹿角嘴、龍廟嘴築炮臺2座；劉公島島北築炮臺1座，島南築地阱炮2座；威海南口的日島築鐵甲炮臺1座。「庶水路（按：此『路』字疑為『陸』之誤）相依以成鞏固之勢。」[167] 在擬建各海防炮臺的同時，還計劃在劉公島上修建海軍公所[168]、鐵碼頭、附屬彈藥庫、船塢等。當時為了解決劉公島上飲水的困難，除打水井外，還設計在海軍公所二進院內和幾處炮臺修築「旱井」。後來，在施工時，感到威海海上防禦力量還有些薄弱，又在威海南北兩岸各添築海岸炮臺1座，劉公島添築炮臺4座。到西元1890年，威

[166] 中國史學會主編：《洋務運動》第三冊，上海人民出版社1961年版，第322頁。
[167] 中國史學會主編：《洋務運動》第三冊，上海人民出版社1961年版，第58頁。
　　按：原擬在劉公島建地阱炮臺2座，結果只建成1座。
[168] 即北洋海軍提督衙門。

海各海岸炮臺陸續建成。這樣，威海海岸炮臺就有 13 座了。其中，威海南岸炮臺 3 座：皂埠嘴炮臺，有 28 公分口徑炮 2 門，24 公分口徑炮 3 門；鹿角嘴炮臺，有 24 公分口徑炮 4 門；龍廟嘴炮臺，有 21 公分口徑炮 2 門，15 公分口徑炮 2 門。威海北岸炮臺 3 座：北山嘴炮臺，有 24 公分口徑炮 6 門，9 公分口徑炮 2 門；黃泥溝炮臺，有 21 公分口徑炮 2 門；祭祀臺炮臺，有 24 公分口徑炮 2 門，21 公分口徑炮 2 門，15 公分口徑炮 2 門。劉公島炮臺 6 座：東泓炮臺，有 24 公分口徑炮 2 門，12 公分口徑炮 2 門；東峰炮臺，有 24 公分口徑炮 1 門；南嘴炮臺，有 24 公分口徑炮 2 門；旗頂山炮臺，有 24 公分口徑炮 4 門；麻井子炮臺，有 24 公分口徑地阱炮 2 門；黃島炮臺，有 24 公分口徑炮 4 門。日島炮臺，有 20 公分口徑地阱炮 2 門，12 公分口徑炮 2 門，6 公分半口徑炮 4 門。合計起來，共有海岸大砲 54 門。

後來，為了預防敵人從陸路進攻基地，又計劃在威海修築陸路炮臺 4 座。其中，威海南岸陸路炮臺 2 座：所城北炮臺，有 15 公分口徑炮 2 門，12 公分口徑炮 1 門；楊楓嶺炮臺，有 15 公分口徑炮 2 門，12 公分口徑炮 2 門。北岸陸路炮臺 2 座：合慶灘炮臺，有 15 公分口徑炮 2 門；老母頂炮臺，有 15 公分口徑炮 2 門，12 公分口徑炮 2 門。這一工程從西元 1891 年開始興工，由於進度緩慢，到甲午戰爭爆發時，才建成 3 座炮臺，老母頂炮臺始終沒建起來。這樣，威海防禦

後路的大砲總共只有9門。

西元1891年8月，李鴻章以威海南口過於寬闊，「日島矗立中央，復分兩口，各寬五里，是該處[169]共有三口，一片汪洋，毫無阻攔」，「非相地扼要酌設雷營，不足以資捍禦」，奏請在威海南北兩岸各設水雷營1處，各營弁兵匠人等136人。並在南岸水雷營附設水雷學堂，招收魚雷學生四五十人。這些措施，都是為了加強威海的海上防務。

威海宏大的海防工程，曾引起當時許多人的稱讚。有人認為威海從此可成為名副其實的「東海屏藩」。有人寫詩讚道：「意匠經營世無敵，人工巧極堪奪天。有此已足固吾圉，況是眾志如城堅！」[170]李鴻章也認為「工程並極精堅，布置更臻完密」。各炮臺「相為犄角，鎖鑰極謹嚴」[171]。實際上，他們都是只看到臺堅炮利海防鞏固的一面，而沒有看到後路空虛而無保障的一面。[172]這樣，後來便給日本侵略軍以從威海後路「蹈瑕而入」[173]之機。不管怎樣，後來的事實證明，威海的炮臺設施對防禦敵人從海上進攻，還是有效果的。

---

[169] 按：指威海港。
[170] 于本楨：《觀威海炮臺》。
[171] 中國史學會主編：《洋務運動》第三冊，上海人民出版社1961年版，第145頁。
[172] 戚其章：《中日甲午威海之戰》，山東人民出版社1962年版，第60～61頁。
[173] 戴緒賢等：《哀啟》。

第三章　北洋艦隊的據點與戰力規模

清光緒〈威海海防圖〉

　　從此，威海衛為北洋艦隊永久駐泊之區，旅順口為北洋艦隊修船之所，各建有提督衙門，都成為北洋艦隊的基地。

第二節　北洋艦隊的實力和裝備

對北洋艦隊的實力和裝備情況，也需要做一些了解。歷來人們認為，北洋艦隊和日本艦隊在實力和裝備水準上是不相上下的。其實，這是一種似是而非的見解。

在西元1888年北洋艦隊成軍的時候，北洋艦隊的實力是超過日本艦隊的。那時，日本海軍2,000噸級以上的戰艦隻有浪速、高千穗、扶桑、金剛、比睿5艘，共14,783噸，而北洋艦隊則擁有2,000噸以上的戰艦定遠、鎮遠、致遠、靖遠、經遠、來遠、濟遠7艘，共27,470噸，後者是前者的2倍。但是，到甲午戰爭爆發前，日本新添了2,000到4,000噸級戰艦松島、嚴島、橋立、吉野、秋津洲、千代田6艘，總噸位增加到37,222噸，反而超過了北洋艦隊。由此觀之，到甲午戰爭前夕，日本艦隊的實力早已超過北洋艦隊了。

為什麼會有這樣的變化呢？因為：一方面，北洋艦隊成軍後，日本政府即以超過北洋艦隊為目標，大大加快了發展海軍的速度；另一方面，清政府卻從此不再添置一艘新艦。當初清政府大力籌建北洋艦隊，主要是為了抵禦日本的侵略，而如今卻坐視日本海軍力量的日益加強，是否由於沒有經費呢？完全不是這樣。主要問題是慈禧等人不顧國家面臨帝國主義的侵略威脅，而把用於國防的海軍經費挪去修建頤

第三章　北洋艦隊的據點與戰力規模

和園了。這筆錢究竟有多少，歷來沒有確切的數字，這裡只能作一個大致上的猜測（見下表）。這只是一個不完全的統計。再加上息銀（借出公款的利息收入）及其他有意隱瞞的款項，當時從海軍經費中挪用於頤和園工程的款項至少高達2,000萬兩以上。這筆款，如果用來買定遠這樣的鐵甲艦，可以買11艘；如果用來買致遠這樣的巡洋艦，則可以買24艘。要是真這樣做了的話，中日海軍力量的對比豈不是全然不同了？

名目	每年用款（萬兩）	西元1888－1894年用款小計（萬兩）
從海軍經費中挪撥款	30	210
光緒十七年從海軍經費中借撥款		100
各省督撫認籌海軍需求款		260
歲修從海軍經費中劃撥款	15	105
由新海防捐暫行挪墊款	175	1,225
合計		1,900

問題還不僅僅在這裡。需要指出的另一點是，清政府在買艦問題上有著很大的盲目性，而不像日本政府那樣充分發揮內行人員的作用，精於籌算，把錢花在刀口上。據統計，從西元1878年到1893年的15年間，日本共從英、法兩國購艦10艘，全部是戰艦，其中4,000噸級的3艘，3,000噸級的2艘，2,000噸級的4艘，1,000噸級的1艘。在這10艘戰

艦中，有9艘是日本艦隊的主力，其中8艘參加了黃海海戰。而清政府則相反，一來買艦沒有明確的計畫，多而濫；二來買艦由外行的官員主持，輕信洋商代理人的宣傳，上當受騙。結果買來的艦隻大都不能用於實戰，虛擲了大量金錢。清政府的買艦活動，可分為三個時期，其情況如下表[174]：

分期	西元	中國紀年	艦名	單價（萬兩）	合價（萬兩）
第一期	1863年	同治二年	金臺、一統、廣萬、德勝、百粵、三衛、鎮吳		90[175]
	1867年	同治六年	安瀾、鎮濤、澄清、綏靖、飛龍、鎮海	40	24
	1868年	同治七年	澄波	40	4
	1875年	光緒元年	龍驤、虎威、飛霆、策電	150	60
	1876年	光緒二年	福勝、建勝	120	24
	1879年	光緒五年	鎮東、鎮西、鎮南、鎮北、鎮中、鎮邊	150	90
第二期	1881年	光緒七年	超勇、揚威	325	65
第三期	1885年	光緒十一年	定遠、鎮遠	1,824	365
	1885年	光緒十一年	濟遠	686	69
	1888年	光緒十四年	致遠、靖遠	850	170
	1888年	光緒十四年	經遠、來遠	870	174

---

[174] 表中所引的時間，是艦隻造成後開回中國的時間，不是開始訂造的時間，也不是下水的時間。

[175] 這7艘艦到華後，又退回變賣。90萬兩是中國虧損的銀子。購買艦隻和炮位的價格為107萬兩。又，表中合價的數位，皆採用四捨五入法。

第三章　北洋艦隊的據點與戰力規模

　　第一期所買的艦不下 20 艘，都是幾百噸的小型砲艦，共花銀 357 萬兩。但是，這些砲艦的品質是非常差的。飛龍在海上「被風擊沉」，鎮海使用不幾年就「不堪駕駛」[176]。即使被赫德吹捧得神乎其神的龍驤等 4 艦和鎮東等 6 艦，問題也是很多的。當時，李鴻章完全相信赫德，也認為這些砲艦「可為攻守利器」[177]。對此，左宗棠則持不同的看法，他指出：「蚊子船（即指砲艦）炮大船小，頭重腳輕，萬難出海對敵，只可作水炮臺之用。」[178] 左宗棠的話不是毫無根據的。有人曾論及鎮東等砲艦的缺點說：「是船之制，凡有四弊：船身甚小，而船首之炮重三十五噸[179]，其炮尚是舊制，從口進納彈藥，彈出其遠僅十二里。」[180] 施放之時，船小炮重，船身必至搖簸。設使敵船之炮從而乘之，再一著彈，恐至沉溺於洪濤巨浸中。此一弊也。船首之炮雖以機器轉旋，而但能進退高下，不能左右咸宜，船身欹側，測量施放必至未有定準。[181] 此二弊也。船身四周所包鐵皮僅厚數分，不能當

---

[176] 中國史學會主編：《洋務運動》第二冊，上海人民出版社 1961 年版，第 401 頁。
[177] 中國史學會主編：《洋務運動》第二冊，上海人民出版社 1961 年版，第 517 頁。
[178] 中國史學會主編：《洋務運動》第二冊，上海人民出版社 1961 年版，第 523 頁。
[179] 鎮東等 6 艦的艦首大炮有兩種舊式前膛炮：一種重 35 噸，口徑 11 英寸，彈重 536 磅，裝藥量 135 磅；一種重 38 噸，彈重 818 磅，裝藥量 160 磅。此處單指前一種而言。
[180] 此為華里，合 6 公里，指最大射程，英廠所製作的《三八噸炮射程表》只計算到 4,790 碼（約合 4,000 公尺）。故其有效射程不會超過 4 公里。即使用來防守海口，如此短的射程，也無多大實用價值。
[181] 當時駕駛鎮東等艦來華的英國人琅威理也說：「船小炮大，炮口前向，不能環顧，左右則不甚靈，必須船頭轉運便捷方可中的；則是舵工當與炮手相應，如臂指之相使，較他種兵船更難精熟也。」（中國史學會主編：《洋務運動》第

敵人之巨炮。且無事之時,船身必日事刮磨日久鏽生,損壞必速,反不如木質之可久。此三弊也。是船名為『蚊子』,謂我往攻人而不能受人之攻,故其行貴速,一點鐘必行四十五里,庶幾易避敵船之轟擊。今是船於一點鐘僅行三十里[182],過於遲鈍,易為敵船所追襲。此四弊也。」[183] 由此可知,花費鉅款買這些砲艦,是毫無意義的。何況這樣的砲艦當時中國已能製造,無必要到外國去買。有人即指責李鴻章說:「福建船政辦理多年,靡費不少,何以竟不可用,仍須購自外洋?」[184] 這話是有一定道理的。再看一下日本,很早就注意買艦的品質。西元1878年,即鎮東等6艦到中國的頭一年,日本政府從英國買回的3艘戰艦都是2,000多噸的,「其中扶桑一艦,號稱鐵甲;比睿、金剛兩艦,號半鐵甲」[185]。假使清政府能將買砲艦的357萬兩銀子用來買定遠這樣的鐵甲艦,可買2艘;而用來買致遠那樣的巡洋艦,則可買4艘。可見,清政府在這個時期的買艦活動,既虛擲了金錢,又未收到應有的效果,盲目性是很大的。清政府第二期買艦,開始注意到提高軍艦品質和節省經費問題。

這次從英國買來的超勇、揚威二艦,都是巡洋艦。清政

三冊,上海人民出版社1961年版,第367頁)
[182] 合8海里。
[183] 王韜:《弢園尺牘》第一一卷,光緒庚辰秋重校排印本,第12頁。
[184] 中國史學會主編:《洋務運動》第三冊,上海人民出版社1961年版,第334頁。
[185] 中國史學會主編:《洋務運動》第二冊,上海人民出版社1961年版,第527頁。

第三章　北洋艦隊的據點與戰力規模

府派了督操提督丁汝昌、管帶官林泰曾和副管帶鄧世昌到英國去把艦開回中國[186]，既省了保險費，又節約了大量傭金。但是，這兩艘艦也並不像赫德所吹噓的那樣「船堅炮利，實為西洋新式利器」[187]。超勇、揚威2艦與日本扶桑、金剛、比睿3艦相比，艦首炮的威力較大一些，平均時速也快2海里，但其防禦力量弱。日艦扶桑鐵甲厚9英寸，金剛、比睿兩艦鐵甲各厚4英寸半。超勇、揚威兩艦的艦身卻係木質外包2英寸鐵皮，怎麼能稱得上「船堅」呢？但整體來看，清政府第二期買船較第一期注重了軍艦品質和節省經費。

清政府第三期買了定遠、鎮遠2艘鐵甲艦和致遠、靖遠、經遠、來遠、濟遠5艘巡洋艦。在這7艘戰艦中，對濟遠艦的非難較多。但對這些非難，我們要作具體分析。因為濟遠艦是德國造的，而這些非難多來自英國製造商。薛福成說：「英、德兩國之廠，勢不相下。中國濟遠快船，德廠所造也，而英廠頗訾議之，固多過當之論。」「夫外洋匠師務求相勝，亦猶自古文人之相輕，雖有佳文，欲指其瑕，不患無辭。製造之學，求一利或生一弊，乃理勢之自然。濟遠艦上重下輕之病，誠不能免。厥後聞有補救之議，似已稍改其式矣。」[188]後來事實證明，濟遠艦的製造雖然還「未盡善」[189]，

---

[186] 艦上只雇用了少數洋員。
[187] 中國史學會主編：《洋務運動》第二冊，上海人民出版社1961年版，第468頁。
[188] 薛福成：《出使英法義比四國日記》第三卷，嶽麓書社1985年版，第21頁。
[189] 中國史學會主編：《洋務運動》第三冊，上海人民出版社1961年版，第399頁。

第二節　北洋艦隊的實力和裝備

但品質並不像一些人所說的那麼差。這時期所買的 7 艘戰艦構成了北洋艦隊的主力，並遠遠地超過了日本當時海軍的實力。之所以能做到這一點，就是因為買艦的盲目性減少了。這時期在外國訂造艦隻有一個特點，就是派出專門的造船技術人員和海軍人員到國外監造，因而在一定程度上保證了造船的品質。但是清政府卻從此停購船隻，致使日本海軍力量反而後來居上了。

再從裝備情況看，北洋艦隊也是落後於日本艦隊的。據計算，北洋艦隊主要戰艦的平均功率要比日本艦隊少 1,885 匹的馬力，平均時速要少 1 海里，平均艦齡則要大 2 年。特別是北洋艦隊的武器裝備，更是落後於日本艦隊。試看下表。

艦隊	艦名	重炮 32 公分	重炮 30.5 公分	重炮 26 公分	重炮 24 公分	重炮 21 公分	重炮 20 公分	輕炮 18 公分	輕炮 15 公分	輕炮 12 公分	速射炮 6 磅	速射炮 3 磅	速射炮 12 公分	機關炮
北洋艦隊	定遠		4						2					12
	鎮遠		4						2					12
	致遠					3			2					17
	靖遠					3			2					17
	濟遠						3		1					10
	經遠						2		2					8
	來遠						2		2					8
	平遠				1				2					8

第三章　北洋艦隊的據點與戰力規模

艦隊	艦名	重炮 32公分	30.5公分	26公分	24公分	21公分	20公分	輕炮 18公分	15公分	12公分	速射炮 6磅	3磅	12公分	機關炮
北洋艦隊	超勇			2					4					10
	揚威			2					4					10
	（小計）		8	5		6	7		15	8				112
	26							23			0			112
	（合計）													161
日本艦隊	松島	1								11	11			6
	嚴島	1								11	11			6
	橋立	1								11	11			15
	吉野				2				4		22	4		
	浪速				4				6	11				
	高千穗				4				6	10				
	秋津洲								4		11	6		10
	千代田										14	11		13
	扶桑					4			10					
	比睿							11	6					
	（小計）	3		10	4			11	36	21	80	54		50
	17							47			155			50
	（合計）													269

　　由上表可知，北洋艦隊在重炮和機關炮兩項上占優勢，日本艦隊則在輕炮和速射炮兩項上占優勢。而機關炮是一種小口徑炮，只有殺傷力，沒有穿透力，對敵艦作用不大。北洋艦隊主要靠重炮。但是，北洋艦隊只比日本艦隊多9門重

炮，這點優勢還是很有限的。更重要的是，北洋艦隊使用的全是舊式後膛炮，砲彈僅是一個彈頭而無彈殼，施放時先將彈頭填進炮膛，根據射程的遠近加一定數量的火藥包，然後引火發射。而日本艦隊則以速射炮為主，使用的是帶彈殼的新式砲彈，其發射速度是北洋艦隊的 4 至 6 倍。對比之下，北洋艦隊在武器裝備方面處於明顯的劣勢。

總之，北洋艦隊在當時是一支具有相當規模的艦隊，但與日本艦隊相比，無論在實力上還是在裝備上，都還是有一定差距的。對此，必須有一個實事求是的判斷。

第三章　北洋艦隊的據點與戰力規模

第四章
豐島海戰

第四章　豐島海戰

第一節　日本的擴軍備戰及其海軍力量

西元 1894 年爆發的中日甲午戰爭，是日本發動的吞併朝鮮和侵略中國的戰爭。早在明治維新以前，日本封建軍閥就多次發出要侵略中國和朝鮮的戰爭叫囂。明治天皇即位伊始，便制定了分期「蠶食」的大陸政策。日本政府為了發動侵略戰爭，大舉發展軍火工業，積極建立近代化的陸海軍。據西元 1893 年統計，日本陸軍的兵力平時為 63,000 餘人，戰時可達到 23 萬人。日本的海軍也迅速地發展起來。到西元 1894 年 7 月豐島海戰前夕，日本海軍已擁有軍艦 32 艘，60,791 噸（見下表）。還有魚雷艇 24 艘，排水量為 1,475 噸。除此以外，為了適應對外侵略擴張的需求，日本政府還將西京丸、山城丸、相橫丸、近江丸等商船加以武裝，改為軍艦，共 9,799 噸。因此，到豐島海戰前，日本海軍共擁有艦艇 72,000 多噸。

艦名	艦種	排水量（噸）	航速（節）	馬力	乘員	炮數（門）	製地	竣工時間（年）
築波	炮	1,978	80	526	277	8	印度	1851

第一節　日本的擴軍備戰及其海軍力量

艦名	艦種	排水量（噸）	航速（節）	馬力	乘員	炮數（門）	製地	竣工時間（年）
鳳翔	炮	321	75	217	96	7	英	1871
天城	炮	926	110	516	159	7	日	1878
金剛	鐵甲	2,284	135	2,535	321	9	英	1878
比睿	鐵甲	2,284	135	2,535	300	9	英	1878
盤城	炮	667	100	659	112	4	日	1878
扶桑	鐵甲	3,777	130	3,932	377	15	英	1878
館山	練	543	—	—	—	2	日	1880
築紫	巡洋	1,372	160	2,433	177	12	英	1883
海門	巡洋	1,367	120	1,267	211	9	日	1884
天龍	巡洋	1,547	120	1,267	214	9	日	1885
浪速	巡洋	3,709	180	7,604	357	20	英	1886
高千穗	巡洋	3,709	180	7,604	357	20	英	1886

第四章　豐島海戰

艦名	艦種	排水量（噸）	航速（節）	馬力	乘員	炮數（門）	製地	竣工時間（年）
大和	巡洋	1,502	130	1,622	231	15	日	1887
葛城	巡洋	1,502	130	1622	231	9	日	1887
武藏	巡洋	1,502	130	1622	231	9	日	1888
干珠	練	877	—	—	—	6	日	1888
滿珠	練	877	—	—	—	6	日	1888
摩耶	炮	622	103	963	104	6	日	1888
鳥海	炮	622	103	963	104	4	日	1888
愛宕	炮	622	103	963	104	6	日	1889
高雄	巡洋	1,778	150	2,429	222	5	日	1889
赤城	炮	622	103	963	126	4	日	1890
八重山	通訊	1,609	200	5,400	217	9	日	1890
嚴島	鐵甲	4,278	160	5,400	360	34	法	1891

第一節　日本的擴軍備戰及其海軍力量

艦名	艦種	排水量（噸）	航速（節）	馬力	乘員	炮數（門）	製地	竣工時間（年）
千代田	巡洋	2,459	190	5,678	306	27	英	1891
松島	鐵甲	4,278	160	5,400	401	30	法	1892
大島	炮	640	190	1,217	130	12	日	1892
吉野	巡洋	4,225	225	15,968	204	34	英	1893
橋立	鐵甲	4,278	160	5,400	360	24	日	1894
秋津洲	巡洋	3,150	190	8,516	311	32	日	1894
龍田	炮	864	210	5,069	－	6	英	1894

　　日本政府在大力擴充海軍的同時，為適應發動侵略戰爭的需求，還著手整頓艦隊編制，以統一指揮和提高戰鬥力。原來，日本將其全國海岸劃為5個海軍區域，分屬於3個鎮守府，即：橫須賀鎮守府，管轄第一、第五海軍區；吳港鎮守府，管轄第二海軍區；佐世保鎮守府，管轄第三、第四海軍區。西元1894年7月10日，日本政府為了統一海軍的指揮權，取消按區域劃分艦隊的辦法，將全國海軍分為常備和警備兩個艦隊。7月19日，又把警備艦隊改為西海艦隊，並將常備、西海兩艦隊組成聯合艦隊，以海軍中將伊東祐亨為

第四章　豐島海戰

聯合艦隊司令官，海軍少將坪井航三為先鋒隊司令官，任海軍大佐鮫島員為參謀長。

日本政府發動侵略戰爭的準備就緒，便開始尋找發動侵略戰爭的藉口了。西元1894年春，朝鮮爆發了大規模的東學黨農民起義。起義軍提出了「逐滅洋倭」、「盡滅權貴」等口號，反映了這次起義的反帝反封建性質。日本政府早就蓄謀發動侵略中國和朝鮮的戰爭，當然不會錯過這個時機，於是便費盡心機地製造侵略口實。日本政府先是鼓動清政府出兵朝鮮，以「必無他意」[190]的虛偽保證來誘使李鴻章上鉤。李鴻章不知是計，決定派兵5營共2,500人分批進入朝鮮，並按《天津條約》的規定通知了日本。其實，早在清政府決定出兵之前，日本內閣就已作出了出兵朝鮮的決定。在不到1個月的時間內，日本派赴朝鮮的侵略軍已達1萬人左右，兵力遠遠超過中國駐軍了。

日本企圖發動侵略戰爭的陰謀已經昭然若揭，而李鴻章卻不積極採取有效的抵抗措施，仍然夢想依靠第三國迫使日本從朝鮮撤軍。當時，日本政府是得到西方帝國主義的支持的，而且在軍事上又處於優勢的地位，於是便決意挑起這場侵略戰爭了。

---

[190] 中國史學會主編：《中日戰爭》第二冊，新知識出版社1956年版，第546頁。

第二節　不宣而戰

一　尾炮奏捷

西元1894年7月25日，日本聯合艦隊在朝鮮牙山口外的豐島附近不宣而戰，對北洋艦隊發動了海盜式的襲擊。

原來，李鴻章看到朝鮮形勢日趨緊張，便決定運兵三營赴朝鮮，對日本佯示強硬態度，但又害怕日本海軍截擊，故一直遲疑不決。他以為租用外國輪船掛上外國旗，日本斷然不敢攻擊，可保萬無一失。於是，他先於7月21日僱了愛仁、飛鯨兩艘英國小商船，分載仁字軍一營，由北洋艦隊的濟遠、廣乙、威遠三艦護航。7月23日，又僱了一艘英國商船「高升」號，載北塘兵2營，由大沽口起碇。另有北洋艦隊的運輸艦「操江」號裝載炮械，與之半路相遇，遂同行。不料第一批運兵船剛剛出發，日本間諜機關就收到情報了。

中國軍隊增援朝鮮本屬軍事機密，日本又是怎樣獲知的呢？原來，竊取運兵計畫的日本特務石川伍一，就隱蔽在李鴻章的外甥天津軍械局總辦張士珩的衙門裡。石川伍一又名義倉告，到中國多年，化裝成中國人，一向住在外國租界，以洋行職員的身分作掩護，進行特務活動。他買通了張士珩的書吏劉棻，搞到了中國的運兵計畫，便報告了駐天津的日本海軍武官

第四章　豐島海戰

井上敏夫。7月22日，日本大本營接獲情報後，當即命令日本聯合艦隊司令官伊東祐亨，於第二天率松島、千代田、高千穗、橋立、嚴島（以上本隊），吉野、秋津洲、浪速（以上第一游擊隊），葛城、天龍、高雄、大和（以上第二游擊隊），比睿（魚雷艇隊母艦），愛宕、摩耶（護衛艦）15艘軍艦從佐世保港向朝鮮海岸出發，企圖中途偷襲中國軍艦和運兵船。日本海軍「浪速」號艦長東鄉平八郎在7月22日的日記中寫道：「午前十一點，旗艦發出請艦長來艦的命令，立刻赴召。劃分了第一和第二游擊總隊，並有所指示。午後二點，第一游擊隊司令官發出集合令，商討關於游擊順序等問題。午後五點，軍令部長來港，傳達了參謀總長殿下令旨。接到明天午前十一點離開佐世保港的命令。」[191] 東鄉平八郎的這則日記，含蓄地透露出日本侵略者企圖偷襲北洋艦隊的預謀。

　　事實上，北洋艦隊也接獲了「倭船將要來截」[192] 的情報。丁汝昌一邊打電報給李鴻章請求親率海軍大隊前往接應，一邊命令各艦「升火起錨，戒嚴將發」[193]。但是，李鴻章還是相信「萬國公例」，認為運兵船上掛的是英國旗，日本海軍一定不敢襲擊，堅決制止海軍大隊出海，致使中國軍艦在敵艦的突然襲擊下處於不利的境地。

---

[191] 中國史學會主編：《中日戰爭》第六冊，新知識出版社1956年版，第31～32頁。
[192] 中國史學會主編：《中日戰爭》第一冊，新知識出版社1956年版，第64頁。
[193] 中國史學會主編：《中日戰爭》第一冊，新知識出版社1956年版，第64頁。

第二節 不宣而戰

7月22日,丁汝昌根據李鴻章的命令,將濟遠、廣乙、威遠3艦組成小隊,以副將濟遠管帶方伯謙為隊長,護送愛仁、飛鯨2艘運兵船到牙山。方伯謙不敢公開違抗命令,但又害怕遭遇日艦,置愛仁、飛鯨2艘運兵船於不顧,先自駛往朝鮮。這樣,濟遠等三艦雖然名義上是護航艦,實際上並未發揮護航的作用。7月23日,濟遠、廣乙、威遠3艦抵牙山。7月24日黎明前後,愛仁和飛鯨才先後開到。接著,就由小火輪拖帶駁船一面卸兵登岸,一面駁運武器、彈藥、軍裝、馬匹、輜重等上岸。愛仁、飛鯨兩商輪抵達牙山後,方伯謙即派威遠艦去仁川送發電報。中午,威遠艦從仁川駛回,報稱:從仁川獲悉,漢城的日軍已於7月23日悍然發動軍事政變,攻進朝鮮王宮,拘禁了朝鮮國王李熙,而仁川的電報線路已被截斷,無法與外地聯絡。另外,威遠艦還在仁川探到一個消息:「倭大隊兵船明日即來。」[194]方伯謙得知情況緊急,為了避免被日艦堵在港裡,連忙「飭船上員弁趕催水手幫助陸兵駁運馬匹、米石上岸,並令威遠先出牙山口外」[195]。這種安排,反映了方伯謙已經方寸無主,驚慌失措。「威遠」號是一艘1,300噸的舊訓練艦,艦齡已在17年以上,是三艦中防禦力最弱的,根本沒有戰鬥力。方伯謙命令「威遠」號停泊於牙山口外,如果日艦來攻,豈非送進

---

[194] 中國史學會主編:《中日戰爭》第六冊,新知識出版社1956年版,第84頁。
[195] 中國史學會主編:《中日戰爭》第六冊,新知識出版社1956年版,第84頁。

第四章　豐島海戰

虎口？直到深夜 11 點鐘，愛仁、飛鯨兩船上的軍械、輜重等已經駁運完畢，方伯謙才想起「威遠」號處境危險，「以威遠木船，不堪受炮，且行駛甚緩[196]，倘出口遇敵，徒失一船」[197]。於是改令威遠北駛大同江，然後繞道回國。但是，方伯謙意存畏縮，未能當機立斷，沒能帶領濟遠、廣乙 2 艦連夜返航。他明知日艦大隊明天要來，卻仍要在牙山港停泊一夜，這在指揮上不能不鑄成大錯。

7 月 25 日拂曉，濟遠、廣乙 2 艦始從牙山起碇返航。而在前一天，日本吉野、浪速、秋津洲 3 艦已奉到伊東祐亨的命令，開往牙山口外的海面上往返巡邏，以截擊中國增援部隊，並伺機對中國護航艦發動海盜式的突然襲擊。吉野、浪速、秋津洲 3 艦，按照其上司的部署，果然對中國護航艦實行了偷襲。

當時，濟遠、廣乙 2 艦從牙山魚貫出口後，於 7 點半鐘駛抵豐島西北，即望見日本吉野、浪速、秋津洲三艦橫海而來。濟遠、廣乙二艦的廣大將士發現這一情況後，再想到昨天獲得的消息，知道日艦來意不善，各人都自動地站到自己的崗位，準備迎接戰鬥。當雙方軍艦相距約 3,000 公尺時，忽聽日艦吉野發出一聲號炮，於是 3 艘日艦炮聲並起，均向中國頭船濟遠發射。濟遠艦也開炮還擊，奮力抵禦，廣乙艦

---

[196] 威遠的最大速度為每小時 12 海里，其平時的航行速度不過每小時 10 海里。
[197] 中國史學會主編：《中日戰爭》第六冊，新知識出版社 1956 年版，第 84 頁。

第二節　不宣而戰

在濟遠艦之後，也投入戰鬥。雙方炮戰約 2 個小時 [198]，互有傷亡。豐島海戰就這樣爆發了。

豐島海戰圖（《點石齋畫報》繪）

豐島海戰發生後，日本侵略者大造輿論，把自己對中國軍艦發動海盜式的突然襲擊的行徑撇得一乾二淨，反咬一口，說北洋艦隊進攻了日本軍艦。日本外相陸奧宗光在致各國公使的照會中稱：「中國軍艦在牙山附近轟擊日軍，在這

---

[198] 姚錫光《東方兵事紀略》：「（雙方）互相轟擊，歷一時許。」按：1 個時辰為 2 個小時。實為 1 小時 20 分鐘。方伯謙回到威海後，上報「鏖戰四點鐘之久」（見中國史學會主編：《中日戰爭》第三冊，新知識出版社1956年版，第2頁），完全是誇大冒功之詞，不可相信。

第四章　豐島海戰

一情況下，日本政府不得不撤銷其在諸友邦影響下對中國提出的建議。」[199] 其實他是真戲假作，故意忸怩作態以掩飾其不宣而戰的預謀。參加這次豐島偷襲的日本浪速艦長東鄉平八郎在 7 月 25 日的日記中，就明確無誤地寫道：「午前七點二十分，在豐島海上遠遠望見清國軍艦『濟遠』號和『廣乙』號，即時下戰鬥命令。七點五十五分開戰，五分多鐘後因被炮煙掩蓋，只能間斷地看見敵艦，加以炮擊而已。『廣乙』號在我艦的後面出現，即時開左舷大砲進行高速度射擊，大概都打中。」[200] 試看，日艦在開戰前 35 分鐘已下達了戰鬥命令，這次海戰究竟是由誰引起的，不是一清二楚了嗎？

在這次海戰中，濟遠艦廣大將士是奮勇戰鬥的。濟遠是一艘 2,300 噸的巡洋艦，艦齡已達 10 年，雖然在北洋艦隊中還是比較新的 [201]，但比日艦卻要陳舊得多。從航速看，濟遠艦僅為每小時 15 海里，也比日本 3 艦差得多。[202] 再從噸位、火力、裝甲等方面看，濟遠艦更是遠遜於日本 3 艦的。[203]

---

[199] 中國史學會主編：《中日戰爭》第六冊，新知識出版社 1956 年版，第 271 頁。
[200] 中國史學會主編：《中日戰爭》第六冊，新知識出版社 1956 年版，第 32 頁。
[201] 北洋艦隊中，只有致遠、靖遠、經遠、來遠艦齡為 6 年，餘者艦齡均較濟遠長。日本 3 艦中，除浪速艦齡為 8 年外，吉野和秋津洲是艦齡為 1 年左右的新艦。
[202] 日艦浪速、秋津洲的航速為每小時 18～19 海里，吉野的航速為每小時 22.5 海里。
[203] 噸位的大小、火力的強弱、速度的快慢等，都是相比較而言。鄭昌淦《甲午中日戰爭》說：「『濟遠』號是鐵甲快艦，噸位大，火力較強。」(該書第 22 頁) 張玉春、馬振文《簡明中國近代史》說「濟遠是一艘噸位大、速度快的鐵甲主力艦。」(該書第 164 頁) 這些都是不符合事實的。

第二節　不宣而戰

雖然如此，濟遠艦廣大愛國官兵，在優勢的敵人面前，絕不屈服，猛烈搏鬥。在敵艦的火力包圍下，濟遠艦前後大砲和左右舷炮齊鳴，砲彈屢中敵艦。濟遠艦也中彈累累，多處受傷。在激烈的海戰中，忽然日艦一炮命中濟遠艦的瞭望臺，大副都司沈壽昌中炮犧牲。不久，日艦又一炮命中艦首前炮臺，二副守備柯建章、學生守備黃承勳、號旗指揮劉鶗等多人同時中炮陣亡。激戰約15小時，濟遠艦共犧牲13名官兵，傷者27人。[204]

廣乙艦本屬廣東海軍，前與廣甲、廣丙來北洋會操，於是留威海。廣乙是福州船政局製造的小型巡洋艦，排水量為1,000噸，航速每小時15海里。廣乙的艦齡雖僅有4年，但艦上火力配備不強，而且沒有護甲，防禦力很弱。因此，廣乙戰至1小時後，便多處受傷。艦上官兵犧牲30多人，並有40多人受傷。這時，管帶林國祥命令開放水雷，但由於平時機器管理不善，又缺少訓練，放不出口。在戰鬥的關鍵時刻，林國祥經不住考驗，命令降下龍旗，將艦駛往東北方向逃避。由於林國祥只想保全個人性命，竟將艦頭駛撞朝鮮海岸淺灘，毀艦登岸。[205]

---

[204] 據方伯謙自稱：「弁兵陣亡十三人，受傷二十七。」（中國史學會主編：《中日戰爭》第三冊，新知識出版社1956年版，第2頁）《冤海述聞牙山戰事記實》則稱：「兵陣亡者十三人，傷者四十餘人。」受傷數字有出入，方伯謙本人不會縮小受傷的數字，故應以方伯謙所報為準。

[205] 姚錫光《東方兵事紀略》：「（廣乙）遂駛撞朝鮮海岸淺灘，鑿鍋爐，渡殘卒登岸，遺火火藥庫自焚。」（中國史學會主編：《中日戰爭》第一冊，新知識出版社1956年版，第65頁）林國祥自毀軍艦，雖然可免資敵，但實是他貪生怕死的表現。

第四章 豐島海戰

擱淺自焚的廣乙艦

　　濟遠管帶方伯謙也是一個貪生怕死之徒，他在炮戰激烈的時候，竟躲進艦艙內鐵甲最厚處，以躲避砲彈，根本放棄了指揮作戰的職責。大副沈壽昌、二副柯建章等犧牲後，方伯謙不但沒有激起滿腔仇恨，奮勇殺敵，反而嚇得膽顫心驚，想方設法逃命。他連忙下令轉舵向西北方向逃跑。日艦吉野和浪速從後面魚貫追來。方伯謙則無恥地下令掛起白旗，以表示放棄抵抗。吉野在前，浪速在後，仍然尾追不捨。吉野乃是日本海軍中最新式的戰艦，時速達到225海里，因而與濟遠的距離越來越近。當相距大約3,000公尺時，日艦突放艦首的大砲，砲彈越濟遠艦之上而過，未中。方伯謙見事不妙，一面加掛日本海軍旗，以表示投降；一面則盤旋而奔，以躲避砲彈。就在此時，日艦浪速接到命令，靠近旗艦，停止追擊。這樣，只剩下日艦吉野仍然死死地咬

住濟遠。兩艦距離越縮越短,眼看就要追及。吉野斷定方伯謙不敢抵抗,並認為濟遠的尾炮已傷不能用,便決意靠上濟遠,將它俘獲而歸。濟遠艦的眾多水兵目睹管帶方伯謙的無恥表演,早就憋了一肚子氣,此時又見日艦吉野氣焰囂張,更加義憤滿胸,決心不顧方伯謙的命令,拚死反擊敵寇。水手王國成挺身而出,奔向尾炮,水手李仕茂從旁協助,用15公分尾炮對準吉野連發4炮:第一炮中其舵樓;第二炮中其船頭;第三炮走線,未中;第四炮中其船身要害處。吉野艦頓時火起,船頭低俯,不敢前進。

為什麼濟遠不再繼續進行炮擊呢?姚錫光說:「蓋倭船之追我濟遠也,意我尾炮已傷,故魚貫追逐,以是我尾炮掛線毋庸左右橫度,故取準易而中炮多。惜是時濟遠不知轉舵,以船頭大砲擊數出以收奇捷,或可紓高升之急。」[206] 由於方伯謙只知逃命要緊,失去這一擊沉吉野的大好時機,而且直接造成了「高升」號上近2營陸軍將士葬身海底。「高升」號所裝的2營北塘兵,是一支戰鬥力很強的部隊,將士驍勇善戰。如果他們增援牙山駐軍的計畫得以實現,聶士成的部隊在成歡之戰中便不至於孤軍作戰了。當然,在濟遠艦上,遇敵畏縮不前的將領並不只方伯謙一人。魚雷大副穆晉書[207]

---

[206] 中國史學會主編:《中日戰爭》第一冊,新知識出版社1956年版,第65頁。按:濟遠艦首的大炮均為 20 公分口徑,火力較尾炮強。
[207] 後來,穆晉書在劉公島保衛戰中,與其他魚雷艇管帶密謀逃跑,加速了北洋艦隊的全軍覆沒。

第四章　豐島海戰

也是一個可恥的逃將。他在海戰中唯恐喪命，先是躲進機艙裡。當舵機被敵炮擊穿後，他又逃到魚雷艙中。當日艦吉野逼近時，本應一發擊中，但是他心慌意亂，「裝氣不足，放不出口」[208]，致使吉野又一次逃脫了被殲滅的命運。在豐島海戰中，日本侵略者發動突然襲擊的陰謀之所以能夠得逞，方伯謙、穆晉書等民族敗類是難逃罪責的。

然而方伯謙逃歸威海後，卻捏造戰績，謊報大捷，「鏖戰四點鐘之久」[209]，「擊斃倭海軍總統」[210]，等等。提督丁汝昌雖記王國成、李仕茂首功[211]，並「告諭全軍，以資鼓勵」[212]，但對方伯謙的謊報戰功卻未識破，在未查對屬實的情況下，以「風聞提督陣亡，吉野傷重，途次已沒」[213]等說法上報。當時，清朝駐日公使汪鳳藻即來電指出：「日船在牙山受傷，未言提督亡、吉野沉。」[214]李鴻章也明知此事「無確實證據」[215]，但仍為之轉報。朝廷則據以「傳旨嘉獎」[216]，造成了極其不良的影響，一時中外傳為笑談。

---

[208] 中國史學會主編：《中日戰爭》第六冊，新知識出版社1956年版，第87頁。
[209] 中國史學會主編：《中日戰爭》第三冊，新知識出版社1956年版，第2頁。
[210] 中國史學會主編：《中日戰爭》第一冊，新知識出版社1956年版，第65頁。
[211] 據調查，豐島海戰後，北洋艦隊論功行賞，水手王國成、李仕茂記首功。而方伯謙則對二人嫉恨在心。王國成被迫離艦還鄉，後以生活無著落，流落關東。李仕茂被迫離艦後，則顛沛流離，不知所終。
[212] 中國史學會主編：《中日戰爭》第四冊，新知識出版社1956年版，第266頁。
[213] 中國史學會主編：《中日戰爭》第四冊，新知識出版社1956年版，第267頁。
[214] 中國史學會主編：《中日戰爭》第四冊，新知識出版社1956年版，第267頁。
[215] 中國史學會主編：《中日戰爭》第四冊，新知識出版社1956年版，第267頁。
[216] 中國史學會主編：《中日戰爭》第三冊，新知識出版社1956年版，第30頁。

二　寧死不屈

豐島海戰是日本單方面的不宣而戰，它是在雙方沒有宣戰的情況下，日本海軍根據他們政府的命令，對中國艦隊進行的卑鄙的海盜式突然襲擊。中日甲午戰爭的序幕從此揭開了。

在這次海戰中，濟遠艦的愛國水兵，在遭到敵人突然襲擊和敵強我弱的不利條件下，勇於抵制方伯謙的無恥逃跑命令，人自為戰，勇摧敵艦，確實是難能可貴的。此外，尤其值得大書特書的是，「高升」號上的 2 營陸軍將士，面對強敵，寧死不屈，幾乎是赤手空拳地同敵人猛烈搏戰。他們和濟遠艦的愛國將士們一起，共同用鮮血譜寫了一曲反對帝國主義的英雄戰歌。

「高升」號是英國怡和公司的一艘 1,353 噸的商船，7 月 20 日由上海出發抵達大沽口，是李鴻章專門租來運送軍隊增援牙山的。「高升」號裝北塘兵 2 營，共 1,100 人，還有行營炮 12 門[217]及槍支、彈藥等，於 7 月 23 日上午 10 時起碇開往牙山。「高升」號出大沽口後，途中遇到北洋艦隊的運輸艦「操江」號。「操江」號主要是載運兵器增援牙山駐軍的，計裝大砲 20 門、步槍 3,000 支和大量的彈藥；還裝有一部分銀錢，是擬送仁川中國領事館的。兩船遂相伴而行。

7 月 25 日上午 9 時左右，高升、操江二船駛至牙山附近

---

[217] 一說 14 門。

第四章　豐島海戰

海面上,看見一艘軍艦從對面駛來,桅上掛著日本海軍旗,其上還有一面白旗隨風招展。當這艘軍艦駛近時,它忽然將日本旗降落下來,旋又升上去。參將操江管帶王永發認出了這是濟遠艦。他看著濟遠艦的奇特行動,知道必定是後面有日艦追來,急忙轉舵,直接向西逃避。

當日本吉野、浪速、秋津洲 3 艦正在追擊濟遠的時候,忽然發現西方有 2 艘船隻,「初不識為何國之艦船,及接近視之,始知為我砲艦操江及懸英國旗之商船『高升』號」[218]。這時,日艦又發現操江準備向西逃逸,乘坐在吉野上的先鋒艦司令官海軍少將坪井航三,立即命令秋津洲隨後追擊。操江本是一艘木製舊式砲艦,艦齡已有 20 多年,航速只有每小時 9 海里,不及秋津洲速度之半,於是不久就被秋津洲追及。秋津洲命令操江投降。「操江」號雖然只有 5 門舊炮,火力較弱,不是秋津洲的對手,但如果巧用智謀,出其不意,也不是不可一戰。可是,操江管帶王永發是個膽小鬼,竟乖乖地掛起白旗,向敵人投降,將滿船軍火連船一起奉送敵人。

至於「高升」號,當其發現濟遠艦之初,因見桅桿上懸掛日本海軍旗,卻誤認為是日本軍艦。據高升船上的乘客漢納根回憶,他先在航行中看到一隊日本軍艦時,「心中有些不安,但到現在看見這艘日本船駛過我們的船時,以旗來向

---

[218] 中國史學會主編:《中日戰爭》第六冊,新知識出版社 1956 年版,第 80 頁。

第二節　不宣而戰

我們行敬禮，我們對於他們和平的意旨感到安慰」[219]。他完全把濟遠當作日艦了。「高升」號船長高惠悌後來回憶說：「我們將近豐島的時候，掠過一艘軍艦，它懸掛日本海軍旗，旗上再掛一面白旗——這艘船後來證明為中國戰艦『濟遠』號。」[220] 可見這位「高升」號船長當時也並未認出濟遠。一方面由於高惠悌不知道日本海軍已經對中國軍艦發動了突然襲擊，另一方面則由於他「堅信該船為英國船，又掛英國旗，足以保護它免受一切敵對行為」[221]，因此，他仍按原航線徐徐前進，並且由日艦「浪速」號的右舷通過。

上午 9 點半，日艦浪速忽然直直衝向「高升」號。原來，浪速正在尾隨吉野追擊濟遠之際，接到其旗艦的命令：「將商船（『高升』號）帶赴總隊！」[222] 於是，浪速掛出訊號：「下錨停駛！」並放空炮 2 發，以示警告。「高升」號船長高惠悌不敢違抗，立刻遵行。浪速艦長東鄉平八郎看清楚了船上掛的英國旗後，隨即又開到遠離「高升」號的地方。此時，「三隻日本船」[223] 都向前移動，似乎要以暗號互相溝通，因為他們看見一艘顯係懸掛英國旗的中國運輸艦後，不知怎麼辦才好」[224]。英國船長高惠悌見此情況，誤解為日艦發現為英國船，已決定

---

[219] 中國史學會主編：《中日戰爭》第六冊，新知識出版社 1956 年版，第 19～20 頁。
[220] 中國史學會主編：《中日戰爭》第六冊，新知識出版社 1956 年版，第 22 頁。
[221] 中國史學會主編：《中日戰爭》第六冊，新知識出版社 1956 年版，第 22 頁。
[222] 指日本旗艦所在。
[223] 指日本吉野、浪速、秋津洲 3 艦。
[224] 中國史學會主編：《中日戰爭》第六冊，新知識出版社 1956 年版，第 20 頁。

第四章　豐島海戰

放棄敵對行動，立刻用訊號詢問：「我是否可以前進？」忽然，浪速又掉頭，駛到距離「高升」號大約 400 公尺的海面上停下，將艦上所有的 21 門大砲都露出來，用右舷炮對準「高升」號船身，並發出第二次訊號：「原地不動！不然，承擔一切後果！」接著，浪速艦放下一隻小艇，向「高升」號開來。等小艇靠上後，一個名叫人見善五郎的日本海軍大尉登上「高升」號，要求檢查商船的執照。英國船長出示執照，並提請人見善五郎注意「高升」號是英國船。人見善五郎毫不理睬，竟然提出：「『高升』號要跟浪速艦走，同意嗎？」高惠悌卻回答說：「如果命令跟著走，我沒有別的辦法，只有在抗議下服從。」[225] 實際上是對日本方面的武力威脅完全屈服。由於英國船長屈服於日本海盜式的行徑，更助長了日本侵略者的氣焰，並替日本侵略者提供了有利機會，才使它的陰謀得以實現。[226]

當日本海軍大尉和高惠悌進行交涉的時候，「高升」號上的清軍官兵雖然不知其交涉的具體內容，但始終懷著高度的警惕，密切注視著他們的一舉一動。人見善五郎離開「高升」號回到浪速艦不久，浪速艦又發出第三次訊號：「立刻斬斷繩纜，或者起錨，隨我前進！」清軍將士知道了訊號的意思，從而搞清楚了日本海軍大尉和英國艦長交涉的結果，並且還

---

[225] 中國史學會主編：《中日戰爭》第六冊，新知識出版社 1956 年版，第 22 頁。
[226] 漢納根指出：如果英國船長不在威脅下屈從，而採取堅決的態度和適當的對策，「高升」號擺脫浪速，避往朝鮮海岸附近島嶼，是很有可能的。（見《漢那根大尉關於高升商輪被日軍艦擊沉之證言》）

第二節　不宣而戰

發現高惠悌下令準備隨浪速艦行駛，無不憤怒。頓時，人聲鼎沸，全船騷動。營官駱佩德、幫帶高善繼等立即向英國船長提出強烈抗議。因言語不通，臨時讓漢納根擔任翻譯，把全體將士的堅強決心通知高惠悌（Gowherty）：「寧願死，絕不服從日本人的命令！」[227] 高惠悌企圖說服清軍將士向敵人投降，於是清軍將領（幫帶高善繼）與英國船長展開了一場激烈的辯論。

　　船長：「抵抗是無用的，因為一顆砲彈能在短時間內使船沉沒。」

　　幫帶：「我們寧死不當俘虜！」

　　船長：「請再考慮，投降實為上策！」

　　幫帶：「除非日本人同意『高升』號返航大沽口，否則拚死一戰，絕不投降！」

　　船長：「倘使你們堅決要打，外國船員必須離船。」[228]

　　駱佩德和高善繼等見高惠悌不予合作，便命令士兵看管他，並看守著船上的所有吊艇，不准許任何人離船。高惠悌要求發出訊號請日本軍官再來談判。人見善五郎又回來了。漢納根對這個日本海軍大尉轉述清軍將士的意見說：「船長已失去自由，不能服從你們的命令。船上的兵士不允許他這樣

---

[227] 中國史學會主編：《中日戰爭》第六冊，新知識出版社 1956 年版，第 23 頁。
[228] 以上對話是綜合《漢納根大尉關於高升商輪被日軍艦擊沉之證言》、《高升號船長高惠悌的證明》兩份史料而寫成的。

111

第四章　豐島海戰

做。軍官與士兵堅持讓他們回去原先出發的海口。」[229]

高惠悌則補充說:「帶信給艦長,說中國人拒絕高升船當作俘虜,堅持退回大沽口。」「考慮到我們出發尚在和平時期,即使已宣戰,這也是個公平合理的請求。」[230]人見善五郎答應把意見帶給艦長東鄉平八郎。

這時已是中午 12 點半,交涉歷時整整 3 個小時。在這場交涉中,中國將士不怕威脅,寧死不屈,使日本方面妄圖迫降的夢想歸於幻滅。日本侵略者見計謀未能得逞,便惱羞成怒,決定要下毒手。人見善五郎剛回到艦上,浪速艦上又發出第四次訊號:「歐洲人立刻離船!」高惠悌立即用訊號回答:「不准我們離船,請派一小船來。」[231]這時,「高升」號得到的唯一回答是,日本浪速艦上升起一面紅旗。這顯然是一個放魚雷的訊號。與此同時,浪速艦向前開動。當浪速艦與「高升」號相距大約 150 公尺時停了下來,先試放了一顆魚雷,未中。[232]接著,浪速艦長東鄉平八郎決定用炮擊沉「高升」號,於是命令 6 門右舷炮瞄準「高升」號,猛放排炮。他自己供稱:「清兵有意與我為敵,決定進行炮擊破壞該船。經發射兩次右舷炮後,該船後段即開始傾斜,旋告沉沒,歷時

---

[229] 中國史學會主編:《中日戰爭》第六冊,新知識出版社 1956 年版,第 21 頁。
[230] 中國史學會主編:《中日戰爭》第六冊,新知識出版社 1956 年版,第 24 頁。
[231] 中國史學會主編:《中日戰爭》第六冊,新知識出版社 1956 年版,第 23 頁。
[232] 漢納根認為「高升」號是因「水雷命中」爆炸而沉沒(見《漢納根大尉關於高升商輪被日軍艦擊沉之證言》),這是有問題的。高惠悌說,浪速艦「向高升放過一個(水雷),但沒有命中」(見《高升號船長高惠悌的證明》)。

共三十分鐘。」[233]

　　「高升」號上的全體將士在這危急的時刻，毫無畏懼，堅決地進行抵抗。他們在日艦炮火的猛烈轟擊下，用步槍「勇敢地還擊」[234]。在「高升」號沉沒前的半小時內，日艦雖然不停地「向垂沉的船上開炮」[235]，但是，士兵們視死如歸，仍然英勇戰鬥，一直堅持到船身全部沉沒。侵略者為了報復，對落水的中國士兵進行了屠殺，竟連續「用快炮向水裡游的人射擊」[236]，長達 1 小時之久。「高升」號上的中國官兵 1,100 人，其中除不到 300 人被外輪救出或游泳逃生外，其餘 800 多名官兵全部壯烈犧牲。

---

[233] 中國史學會主編：《中日戰爭》第六冊，新知識出版社 1956 年版，第 33 頁。
[234] 中國史學會主編：《中日戰爭》第六冊，新知識出版社 1956 年版，第 21 頁。
[235] 中國史學會主編：《中日戰爭》第六冊，新知識出版社 1956 年版，第 21 頁。
[236] 中國史學會主編：《中日戰爭》第六冊，新知識出版社 1956 年版，第 28 頁。

第四章　豐島海戰

第五章
黃海海戰

第五章　黃海海戰

第一節　海戰的起因

一　海上追逐

豐島海戰後，日本侵略者一面休整侵朝的陸軍部隊，一面改編海軍艦隊，準備擴大侵略戰爭。

豐島海戰前後，日本聯合艦隊為適應戰爭發展的需求，進行過多次改編調整。到黃海海戰前夕，對原來的編隊又進行了局部的調整。其陣容是：松島（旗艦）、千代田、嚴島、橋立、扶桑、比睿6艦為本隊；吉野（先鋒隊旗艦）、秋津洲、浪速、高千穗4艦為第一游擊隊；金剛、葛城、大和、武藏、高雄、天龍6艦為第二游擊隊；築紫、愛宕、摩耶、鳥海、大島5艦為第三游擊隊；八重山、盤城、天城、近江丸4艦為本隊附屬隊；山城丸為魚雷艇母艦。[237] 此外，還有商船改裝的西京丸和砲艦赤城，也被編入戰列。

由上述編隊可知，日本海軍主力全部集中在本隊和第一游擊隊。

其第二游擊隊多係陳舊的小型巡洋艦，根本不堪任戰，主要是用來牽制北洋艦隊的。第三游擊隊則主要由砲艦組成，只備守禦根據地虛張聲勢，也不能出海作戰。這個編隊

---

[237] 川崎三郎：《日清戰史》第七編，東京博文館西元1897年版，第三章，第30～31頁。

反映了日本軍事指揮機關的策略意圖。當時,日本的作戰計畫是:首先發起平壤戰役,占領朝鮮全境,然後以朝鮮作為進一步進攻中國的前進基地。為了實現這一目標,日本聯合艦隊的主要任務是「從海上應援陸軍,使其完成進擊平壤之功」[238]。就是說,日本聯合艦隊著重發揮其海上的牽制作用,從而使北洋艦隊不能全力增援平壤。

從8月9日以來,日本聯合艦隊多次擾襲威海衛,就是為了實現這一作戰計畫。黃海海戰之前,中日兩方海軍在黃海上皆未掌握制海權。日本聯合艦隊對北洋艦隊採取迴避方針,不正面交鋒。北洋艦隊則與之相反,屢次在海上追逐敵艦,欲求一戰。對日軍採取攻勢,這不僅是丁汝昌始終如一的主張,也是北洋艦隊廣大愛國將領的普遍要求。日方記載:「日清構釁之初,鎮遠管帶林泰曾力主進攻,舉全艦隊遏止仁川港,進而與我艦隊一決勝負於海上,丁提督可之。豐島海戰之後,亦未改變計畫。」[239] 因此,豐島海戰的第二天,即7月26日,丁汝昌便根據濟遠的報告,立即率領北洋艦隊主力駛往朝鮮白翎島附近,尋找日本聯合艦隊決戰。當天,鎮遠艦的航海日誌有云:「上午五點四十九分,濟遠到。下午七點,鎮遠、致遠、靖遠、經遠、來遠、平遠、廣甲、廣丙、超勇開行。定遠率眾艦由威海到朝鮮近海追擊敵艦。」

---

[238] 中國史學會主編:《中日戰爭》第一冊,新知識出版社1956年版,第239頁。
[239] 川崎三郎:《日清戰史》第七編,東京博文館西元1897年版,第三章,第19~20頁。

第五章 黃海海戰

但是，就在同一天，清政府竟以「觀望遷延，毫無振作」的莫須有罪名，將丁汝昌革職，「責令戴罪自效，以贖前愆」。[240] 實際是準備「遴選可勝統領之員」，「早為更換」。[241] 清政府不問青紅皂白就處分海軍主將，這顯然是極其錯誤的。

當時，李鴻章的主張主要是兩條：一是保船，認為「我軍只八艦為可用，北洋千里，全資封鎖，實未敢輕於一擲」[242]；二是避戰，提出「唯不必定與拚擊，但令遊弋渤海內外，作猛虎在山之勢，倭尚畏我鐵艦，不敢輕與爭鋒」[243]。其實，李鴻章所謂「作猛虎在山之勢」，完全是自欺欺人之談。

丁汝昌採取攻勢的主張，既得不到朝廷的了解和支持，又受到李鴻章的掣肘和壓制，其內心之憤慨是可想而知的。「蓋彼[244] 相信其部下及艦隊之力量，而艦隊攻防裝備亦稱完整，故主張採取進攻，計劃與我艦隊會戰，以挫日艦威風，雪豐島之恥。故此令一下，身受束縛，深表憤恨。其部下將領中亦頗有不平者。」[245] 丁汝昌早置個人的榮辱安危於度外，仍然決心伺機與敵拚戰。然而，在當時的情勢下，他是很難有所作為的。

---

[240] 中國史學會主編：《中日戰爭》第三冊，新知識出版社 1956 年版，第 65 頁。
[241] 中國史學會主編：《中日戰爭》第三冊，新知識出版社 1956 年版，第 67 頁。
[242] 中國史學會主編：《中日戰爭》第三冊，新知識出版社 1956 年版，第 23 頁。
[243] 中國史學會主編：《中日戰爭》第三冊，新知識出版社 1956 年版，第 72 頁。
[244] 指丁汝昌。
[245] 川崎三郎：《日清戰史》第七編，東京博文館西元 1897 年版，第三章，第 26 頁。

第一節　海戰的起因

從8月3日到8月8日的5天內，丁汝昌曾經兩次派定遠、鎮遠、致遠、靖遠、經遠、來遠6艦開赴朝鮮附近海域，追逐敵艦，查其去向，尋求決戰。8月9日，丁汝昌又親率定遠、鎮遠、致遠、靖遠、經遠、來遠、平遠、廣甲、廣丙、揚威10艦，赴朝鮮海面巡擊，僅留超勇及各砲艦在威海港內防守。日本聯合艦隊早已聞風遠颺。8月10日，日艦本隊和第一、第二、第三游擊隊共21艘軍艦，傾巢出動，駛近威海港口外，裝作要發起攻擊的樣子，實際上是虛張聲勢，促使北洋艦隊回防而不再出海，把制海權讓給他們，以任其縱橫海上。根據當時威海的防禦情況看，敵人從海上正面進攻是不會成功的。日本聯合艦隊多次襲擾威海失敗的事實，便證明了這一點。[246] 所以，北洋艦隊主力是不需要回防的。相反，北洋艦隊要是採取攻勢的話，不僅可化被動為主動，還會打亂敵人的侵略部署。但是，李鴻章卻見不及此，恰中敵人「圍魏救趙」之計。他以「倭乘我海軍遠出，欲搗虛投隙」為由，電令丁汝昌「速帶全隊回防，迎頭痛剿」。[247] 結果「海軍回威，倭船即於昨日東去」，而且「避我船而行」。[248] 這樣一來，不但北洋艦隊海上追逐日艦尋求決戰的計畫完全落空，而且把制海權也讓給敵人了。

---

[246] 戚其章：《中日甲午威海之戰》，山東人民出版社1962年版，第36～38頁。
[247] 中國史學會主編：《中日戰爭》第三冊，新知識出版社1956年版，第27～28頁。
[248] 中國史學會主編：《中日戰爭》第三冊，新知識出版社1956年版，第35頁。

第五章　黃海海戰

二　護航大東溝

平壤戰役後，日本聯合艦隊「從海上支援陸軍」的作戰計畫已經實現，便開始轉而採取攻勢了。因此，平壤陷落的第三天，即9月17日，日本聯合艦隊便在鴨綠江口大東溝附近的黃海海面上挑起了一場激烈的海戰。

先是9月12日，李鴻章命令丁汝昌率北洋艦隊駛往旅順，以護送增援平壤的總兵劉盛休的銘軍8營赴大東溝。因為當時劉盛休的8營銘軍尚在大沽口整裝待發，所以丁汝昌接到命令後，當即派濟遠、平遠、廣甲、廣丙、超勇、揚威6艦和魚雷艇4艘速往大沽口，並親率定遠、鎮遠、致遠、靖遠、來遠、經遠6艦和鎮南、鎮中2艘砲艦先期駛向旅順。9月15日，濟遠等10艘艦艇護衛招商局輪船新裕、圖南、鎮東、利運、海定等，裝運總兵劉盛休的銘軍8營4,000人，方由大沽口抵達旅順。北洋艦隊各艦艇同運兵輪船會齊後，丁汝昌不敢耽擱，決定當天午夜起航。事實上，北洋艦隊護衛運兵輪船起航時，平壤已經陷落，清軍主帥葉志超早就逃出平壤了。不過，丁汝昌當時還不知道這個消息。

9月15日夜半，丁汝昌率領定遠、鎮遠、致遠、靖遠、來遠、經遠、濟遠、廣甲、超勇、揚威、廣丙、平遠、鎮南、鎮中及魚雷艇等大小艦艇18艘，護送5艘運兵船，從大

第一節　海戰的起因

連灣出發，於 16 日中午抵達鴨綠江口西面的大東溝。[249] 由於港內水淺，並為了保證 8 營陸軍安全登岸，丁汝昌命令鎮南、鎮中 2 艘砲艦和 4 艘魚雷艇護衛運兵輪船進港，平遠、廣丙 2 艘巡洋艦停泊港口外面擔任警戒，定遠、鎮遠、致遠、靖遠、經遠、來遠、濟遠、廣甲、超勇、揚威 10 艘戰艦距口外 12 海里下碇以防止敵人偷襲。丁汝昌的這一部署，說明他對敵人慣於使用偷襲的伎倆是有著高度警惕的。

9 月 16 日下午，運兵輪船進港後，開始渡兵。但由於駁運需要時間，一個下午只有少半士兵登岸。於是，丁汝昌下令連夜渡兵。直到 17 日早晨，8 營銘軍才全部上岸。這樣，北洋艦隊勝利地完成護航的任務。近中午時，日本艦隊就在西南海面上出現了。

日本艦隊從何而來呢？原來平壤戰役後，日本政府知道，雖然它在朝鮮站住了腳步，但要取得對中國作戰的勝利，不解除北洋艦隊的威脅是不行的。因此，日本重新調整了其作戰計畫：一方面，以朝鮮為基地，派陸軍渡過鴨綠江入侵遼寧，威脅「陵寢」[250]；另一方面，從海上掩護陸軍於遼東半島或渤海灣登陸，威脅京津，一舉打敗中國。因此，日本的主要策略目標，則是致力於「掃蕩敵人海軍，爭取獲

---

[249] 大東溝，又稱東溝，在安東縣（今遼寧省丹東市）境。
[250] 指瀋陽。瀋陽是清入關前的舊京，為努爾哈赤、皇太極的陵墓所在。

第五章　黃海海戰

得黃海及渤海的制海權」[251]。平壤之戰一結束，日本聯合艦隊就急於同北洋艦隊決戰，並為此尋找戰機。

其實，早在平壤之戰前夕，日本駐朝公使大鳥圭介即接獲情報：「清軍可能取海路向朝鮮運兵」，「由大鹿島附近上陸」。[252]9月16日中午，北洋艦隊護送運兵輪船剛剛抵達大東溝，日本聯合艦隊司令官伊東祐亨便在朝鮮大同江口的漁隱洞臨時根據地接到電令：「刻下敵艦隊正集中於大孤山港外的大鹿島附近，從事警戒。」[253]當時，日本聯合艦隊在臨時根據地聚泊的艦隻，有本隊和第一、第三游擊隊，其第二游擊隊執行任務尚未歸航。於是，伊東祐亨命令：第三游擊隊留守；第一游擊隊的吉野、高千穗、秋津洲、浪速4艦為先鋒隊，以吉野為先鋒隊旗艦，由先鋒隊司令官海軍少將坪井航三乘坐；松島、千代田、嚴島、橋立、比睿、扶桑、西京丸、赤城8艦組成本隊，以松島為總隊旗艦，由伊東祐亨本人乘坐。本隊8艦中的西京丸，乃武裝的商船，由日本海軍軍令部長海軍中將樺山資紀乘坐，以觀察戰況。9月16日傍晚，伊東祐亨部署停當，便下令起碇出發，以尋找北洋艦隊的行蹤。

---

[251] 日本參謀本部：《日清戰史》第一卷，第175頁。
[252] 川崎三郎：《日清戰史》第七編，東京博文館西元1897年版，第四章，第132頁。大鹿島，在大東溝西南40公里海中。
[253] 中國史學會主編：《中日戰爭》第一冊，新知識出版社1956年版，第239頁。大孤山，又稱孤山，在大東溝西50公里。

第一節　海戰的起因

9月17日拂曉前,日艦駛抵海洋島。[254]6點半左右,伊東祐亨先派赤城艦到大孤山港以南的海面上進行偵察,未發現任何情況。隨後,他又下令全艦隊向大鹿島方向前進,這才發現了北洋艦隊。於是,一場中日海上鏖戰終於發生了。

---

[254] 海洋島,在大孤山以南100公里海中,與東北方向的大東溝相距130公里。

第五章　黃海海戰

第二節　海戰的序幕

　　黃海海戰，是甲午戰爭期間中日雙方海軍的一次主力決戰。這次海上鏖戰，其規模之龐大，戰鬥之激烈，時間之持久，在世界海戰史上是罕見的。海戰中，北洋艦隊眾多將士發揚了不屈不撓的勇敢精神，在中國戰爭史上寫下了光輝的篇章。

　　9月17日早晨8點鐘，北洋艦隊在勝利完成護航任務之後，「主艦定遠上掛出龍旗，準備返航」[255]。上午9點15分，丁汝昌傳令進行戰鬥演習。「清朝艦隊施行操練一小時許，炮手進行試射。」[256] 約10點半，戰鬥演習結束。按照北洋艦隊的秋季作息時間，上午11點55分開午飯。[257] 各艦廚師正在準備午餐的時候，有人突然發現西南方向海面上黑煙簇簇，一支龐大的艦隊出現了。這一突如其來的情況，立刻引起了北洋艦隊將士的注意。他們用望遠鏡觀測，繼又發現這支疾駛而來的艦隊懸掛的乃是美國國旗，這更引起了各

---

[255] 據《來遠艦水手陳學海口述》（1956年）。
[256] 川崎三郎：《日清戰史》第七編，東京博文館西元1897年版，第三章，第52頁。又，馬吉芬《黃海海戰評述》：「自午前九時起，各艦猶施行戰鬥操練一小時，炮手亦復射擊不輟。」（《海事》第十卷，第三期）按：二者所記戰鬥演習開始的時間稍有出入，應以川崎三郎為是，因為他的記載係根據鎮遠艦的航海日誌，準確性較大，與馬吉芬全憑追憶不同。
[257] 余思詒：《航海瑣記》。

第二節 海戰的序幕

艦官兵的懷疑：美國在黃海上並沒有這麼龐大的艦隊，這是其一；何況美國當時是「中立國」，也不會突然派遣一支龐大的艦隊開赴鴨綠江口一帶，這是其二。顯而易見，這支艦隊不可能是美國艦隊。那麼，它會不會是日本艦隊利用美國旗掩護，要麻痺中國船艦官兵，妄圖施展其偷襲的慣伎呢？全軍將士頓時警惕起來。這時，提督丁汝昌同右翼總兵定遠管帶劉步蟾和總教習漢納根，都登上了旗艦「定遠」號前方的飛橋，一面密切注視著來艦的動向，一面開會商討對策。為了防止敵人的可能偷襲，丁汝昌決定升火以待。[258]「丁統領掛『三七九九』旗，命令各艦實彈，準備戰鬥。」[259]「於是，定遠傳出訊號，響起戰鬥號音。不久，各艦噴出火焰之黑煙，艙內廚師封閉火室，用強壓通風，在汽罐蓄滿火力，以備緩急。」[260] 水兵們也顧不得吃飯，都守在自己的戰鬥位置。

豐島海戰後，北洋艦隊廣大將士求戰情緒十分高昂。「艦員中，水兵等尤為活躍，渴欲與敵決一快戰。」因此，旗艦的備戰號令一下，水兵們迅速地做好了戰鬥的準備。「各艦皆將舢板解除，僅留六槳小艇一艘，意在表示軍艦之運命，即乘員之運命，艦存與存，艦亡與亡，豈可有僥倖偷生之

---

[258] 姚錫光《東方兵事紀略》：「巳刻，見西南來黑煙一簇，測望懸美國旗，我軍作戰備。」（中國史學會主編：《中日戰爭》第一冊，新知識出版社 1956 年版，第 66 頁）
[259] 據《來遠艦水手陳學海口述》（1956 年）。
[260] 川崎三郎：《日清戰史》第七編，東京博文館西元 1897 年版，第三章，第 52 頁。

第五章　黃海海戰

念，或借舢板遁逃，或忍敗降之辱哉？此外，若十二寸炮之薄炮盾，若於戰鬥無益者之木器、索具、玻璃等項，悉行除去無餘。各艦皆塗以深灰色。沿艙面要部四周，積置砂袋高可三四英尺，以釣床充速射炮員保護之用，以煤袋配備衝要處所，借補砂袋之不足，通氣管及通風筒咸置之艙內，窗戶與防水門概為鎖閉。凡有乘員，俱就戰鬥部署。戰鬥喇叭餘響未盡，而戰鬥準備蓄以整然。」真是「士氣旺盛，莫可名狀！」[261]

日艦上還掛著美國國旗，丁汝昌無法下戰鬥命令。日艦直到發現北洋艦隊之後，仍未撤換美國國旗，因為他們此時仍需要用它來掩護一段時間，以爭取時間作好戰鬥準備。因此，伊東祐亨發出了第一個訊號：「吃飯！」[262] 半小時後，即中午 12 點左右，來艦愈來愈近，共 12 艘，艦上的美國國旗突然不見，都換上了日本旗。[263] 在換日本旗的同時，日本旗艦「松島」號上又掛出了第二個訊號：「備戰！」這就是伊東祐亨所說：「午後零時五分，揚掛大軍艦旗於桅頂，令各艦就戰鬥位置。」[264] 並部署陣形為「一字豎陣」[265]，以先鋒隊

---

[261] 馬吉芬：《黃海海戰評述》，《海事》第十卷，第三期。
[262] 川崎三郎：《日清戰史》第七編，東京博文館西元 1897 年版，第四章，第 295 頁。
[263] 姚錫光《東方兵事紀略》：「晌午，船愈來愈近，凡有船十二艘，已盡易倭旗。」
[264]《伊東祐亨給日本大本營的報告》，《海事》第八卷，第八期。
[265]「一字豎陣」，又稱「單縱陣」，中國水手稱為「一條龍陣式」。

4艦居前，本隊6艦繼後，另將赤城、西京丸移到左側，列入非戰鬥佇列。

情況的發展，果然不出北洋艦隊廣大將士之所料。丁汝昌見日艦「盡易倭旗」，便下命停泊在大東溝口外的10艘戰艦起錨，以定遠、鎮遠為第一隊，致遠、靖遠為第二隊，來遠、經遠為第三隊，濟遠、廣甲為第四隊，超勇、揚威為第五隊，排成「雙縱陣」[266]，用每小時5海里的艦速駛向敵艦，準備迎戰。「各艦比見旗艦定遠揭揚立即起錨之訊號，無不競相起錨，行動較之平昔更為敏捷，即老朽之超勇、揚威兩艘，起錨費時，因之落後，然亦疾馳竟就艦備。」[267] 在比平時更短的時間內，陣形便已排成。這時，「船應機聲而搏躍，旗幟飄舞，黑煙蜿蜒」[268]，直衝敵陣而去。雙方艦隊越來越近。敵人用望遠鏡已經能夠清楚地看到中國軍艦上的動靜：「頭上盤著髮辮，兩臂裸露而呈淺黑色之壯士，一群一群地佇立在大砲近傍，準備著你死我活的大搏鬥。」[269] 伊東祐亨見此情景，怕士兵臨戰畏懼，趕緊下令准許「隨意吸菸，以安定心神」[270]。

---

[266] 「雙縱陣」，又有「並列縱陣」等名稱，實為「犄角魚貫小隊陣」或「夾縫魚貫小隊陣」。
[267] 馬吉芬：《黃海海戰評述》，《海事》第十卷，第三期。
[268] 泰萊：《甲午中日海戰見聞記》。
[269] 川崎三郎：《日清戰史》第七編，東京博文館西元1897年版，第四章，第120頁。
[270] 川崎三郎：《日清戰史》第七編，東京博文館西元1897年版，第四章，第116頁。

第五章　黃海海戰

定遠艦

致遠艦

鎮遠艦

第二節 海戰的序幕

「雙縱陣」排成不久，旗艦定遠又發出改變陣形的訊號，因為這時丁汝昌在觀察中發現，敵艦的戰術似是直攻中堅。[271] 這樣，如果繼續採取夾縫魚貫陣，就無法發揮後繼8艦艦首的重炮威力。於是，他毅然下令改變陣形。對此，姚錫光說：「時汝昌自坐定遠為督船，作犄角魚貫陣進。遙望倭船作一字豎陣來撲，快船居前，兵船繼之。汝昌謂其直攻中堅也，以鎮遠、定遠兩鐵甲居中，而張左右翼應之，令作犄角雁行陣。」[272] 丁汝昌變換陣形的命令，具體包括三條：「（一）艦型同一諸艦，須協同動作，互相援助；（二）始終以艦首向敵，借得保持其位置為基本戰術；（三）諸艦務於可能範圍之內，隨同旗艦運動之。」[273] 其第一條要求同型的姊妹艦互相保持一定的距離，協同動作；第二條要求變魚貫陣為夾縫雁行小隊陣，各艦都用艦首向敵，以發揚艦首重炮的火力；第三條要求各艦隨旗艦定遠的所向而進擊敵艦。命令發出後，各艦均按照要求變換位置。

變換陣形一開始，旗艦定遠率先以每小時7海里的航速前進，其餘各艦也都以同一航速繼之，保持艦與艦之間的距離為400碼。但是，由於後續諸艦不是呈直線運動，而是以斜線甚至弧形運動，在同一時間內需完成更大的航程，故陣

---

[271]《伊東祐亨給日本大本營的報告》：「我先鋒隊先向敵陣中央。」
[272]《東方兵事紀略》所說的「犄角雁行陣」，實為「犄角雁行小隊陣」，或稱「夾縫雁行小隊陣」。因時間匆迫，變陣並未最後完成。變陣之初，隊形似「燕翦陣」，又稱「凸梯陣」或「人字陣」。
[273]《漢納根給北洋大臣的報告》，《海事》第八卷，第五期。

第五章　黃海海戰

形初變不可能形成正常的夾縫雁行小隊陣。對此,《冤海述聞》記載說:「我軍陣勢初本犄角魚貫,至列隊時,復令作犄角雁行。丁提督乘定遠鐵艦為督船,並鎮遠鐵船居中,致遠、靖遠為第二隊,經遠、來遠為第三隊,濟遠、廣甲為第四隊,超勇、揚威為第五隊,分作左右翼,護督船而行。原議整隊後,每一點鐘行八邁[274],是時隊未整,督船即行八邁,以致在後四隊之濟遠、廣甲,五隊之超勇、揚威,均趕不及。緣四船魚貫在後,變作雁行傍隊,以最後之船斜行至偏傍最遠,故趕不及。」[275] 於是,整個艦隊便形成窄長的「人」字形。從敵艦方面看,北洋艦隊的陣形恰像英文字母V,故當時英國倫敦有的報紙稱之為「V字形陣」[276]。此外,還有稱作「三角形的突梯陣」[277] 或「楔狀陣」[278] 的,都表明了北洋艦隊陣形初變時的特點。

---

[274] 邁,即英里,為 mile 的音譯,與譯作「海里」的 sea mile 不同。8 英里,合 7 海里。
[275] 中國史學會主編:《中日戰爭》第六冊,新知識出版社 1956 年版,第 87～88 頁。
[276] 川崎三郎:《日清戰史》第七編,東京博文館西元 1897 年版,東京博文館西元 1897 年版,第三章,第 180 頁。
[277]《日清戰爭實記》。按:「突梯陣」,應譯為「凸梯陣」。
[278] 馬吉芬:《黃海海戰評述》,《海事》第十卷,第三期。

第二節 海戰的序幕

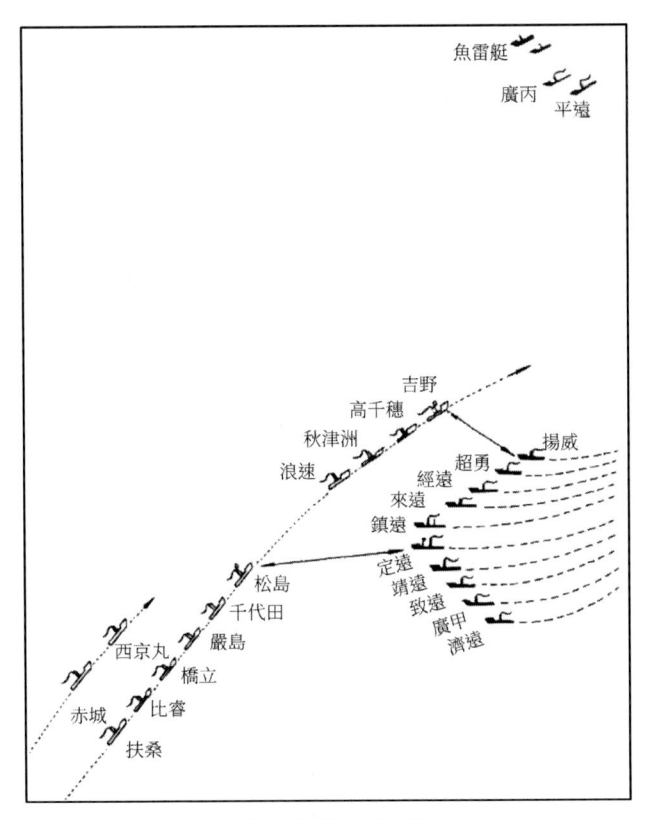

中日雙方艦隊接觸時陣形

　　丁汝昌下達變換陣形的命令，其時間約在中午 12 時 20 分。15 分鐘後，「人字陣」即初步形成。日方記載說：「零時三十五分，已經能明顯看見敵艦，細一審視，定遠作為旗艦在中央，鎮遠、來遠、經遠、超勇、揚威在右，靖遠、致遠、廣甲、濟遠在左，形成三角形的『突梯陣』。」[279] 依此，

---

[279] 中國史學會主編：《中日戰爭》第一冊，新知識出版社 1956 年版，第 240 頁。

第五章　黃海海戰

我們便可將中日雙方艦隊接觸前的活動情況，列表說明如下：

時間	雙方艦隊活動情況	相隔距離（海里）
7:30	日本聯合艦隊從海洋島啟航向東北行	62
9:15	北洋艦隊開始戰鬥演習	40
10:30	北洋艦隊戰鬥演習結束	32
11:00	北洋艦隊發現西南海面上黑煙簇簇，為一支艦隊，上掛美國旗，丁汝昌掛出訊號：「升火！」	27
11:30	日本先鋒隊旗艦最先發現北洋艦隊，向總隊旗艦松島報告，伊東祐亨掛出訊號：「吃飯！」	22
12:05	伊東祐亨又掛出訊號：「備戰！」同時日本各艦均換下美國旗，改懸日本旗	17
12:20	日本以「一」字豎陣直撲北洋艦隊中堅；北洋艦隊剛編成犄角魚貫小隊陣，丁汝昌又毅然下令變為犄角雁行小隊陣	13
12:35	北洋艦隊形成夾角為銳角的「人」字陣，定遠適在夾角的頂端，自日方觀之頗似 V 字	8

北洋艦隊變換陣形後，起初是一個窄長的「人」字陣式，恰像一把鋒利的匕首，直插敵艦群。

一場海上鏖戰就這樣開始了。

按：原文將「靖遠」和「經遠」的位置互相顛倒，蓋音同而致誤。引用時予以改正。

第三節　海戰的過程

一　勇衝敵陣 —— 海戰的第一個回合

中日雙方艦隊互相駛近，越來越接近，都想力爭主動，搶得先機。日本聯合艦隊先以每小時 8 海里的速度航進，到 12 點半又增加至 10 海里，以整齊的單縱陣，向北洋艦隊的中堅突進。北洋艦隊仍以每小時 7 海里的航速，一面將陣式向扁「人」字形展開，一面向敵艦衝擊。日艦用望遠鏡觀測：「定遠[280]艦上一片寂靜。一名軍官登上前檣桅樓，用六分儀測量距離，不停地揮動手中的小旗，報告所測之距離。炮手則不斷降低照尺。當時雙方相距大約四里[281]，距離速度減至六千公尺、五千八百公尺、五千六百公尺、五千五百公尺，此刻只有五千四百公尺了。突然如迅雷轟鳴，白煙蔽海，一炮飛來落於我先鋒艦吉野舷側。此為定遠右側露炮塔放出之黃海海戰第一炮。」[282] 其時恰在中午 12 點 50 分，雙方艦隊相距為 5,300 公尺。這場海上鏖戰的帷幕正式拉開了。

---

[280] 原文誤記為「鎮遠」，予以改正。按：日方記載中經常將「定遠」誤認為「鎮遠」，是因為定遠與鎮遠為姊妹艦，型制相同。
[281] 合三海里半，約 6,400 公尺。
[282] 川崎三郎：《日清戰史》第七編，東京博文館西元1897年版，第三章，第58頁。

第五章　黃海海戰

黃海海戰中日兩軍初交戰時的情景

　　為什麼定遠要先開第一炮呢？這一炮是定遠管帶劉步蟾指揮的，於是有人認為這是劉步蟾遇敵驚慌失措的表現。這純屬無稽之談。其實敵艦駛至相距 5,000 公尺左右時，已進入北洋艦隊各艦的有效射程之內。定遠以艦大砲巨，首先射出第一炮，是為了先發制人。北洋艦隊 10 艘戰艦中，除廣甲外，其餘 9 艘的艦首大砲口徑均在 20 公分以上，射程「可及十八里，若打十里內極準」[283]。《中倭戰守始末記》載北洋艦隊弁兵的談話亦指出：「約相距十里左右，砲彈力量既足，且命中無虛發者。」[284]「十里」者，5,000 公尺也。定遠迎戰敵艦進至相距 5,000 公尺左右時才開炮，正說明劉步蟾是指

---

[283] 中國史學會主編：《中日戰爭》第五冊，新知識出版社 1956 年版，第 29 頁。
[284] 北洋艦隊大炮的有效射程大於日艦，先發制人較為有利。

第三節 海戰的過程

揮若定、胸有成竹的。日本高千穗艦某尉官的《戰時日記》記載:「定遠艦之炮座吐出一團白雲,轟然一聲巨響,其三十公分半巨彈從煙霧中打來,由游擊隊頭上偏高飛過,在左舷落入海中,海水激起數丈白浪。」[285] 很明顯,由於定遠瞄準取角偏高,彈著點稍遠,致落在吉野舷左 100 公尺處,並非搆不著目標的緣故。定遠開第一炮,也是發動進攻的訊號。繼定遠之後,「彼我相距五千二百公尺」[286] 時,鎮遠又射出第二發砲彈,時間僅僅相隔 10 秒鐘。[287] 接著,北洋艦隊各主要炮座一齊開炮。12 點 55 分,日艦第一游擊隊的頭船吉野駛至距北洋艦隊約 3,000 公尺處,也開始開炮。「兩軍大小各炮,連環轟發,不少間斷。」[288]

在這次海戰中,北洋艦隊參戰的軍艦為 10 艘,日本聯合艦隊參戰的軍艦為 12 艘,力量的對比為 10 比 12(見下表)。北洋艦隊參戰的總噸位為 31,366 噸,日本聯合艦隊為 38,401 噸,相差 7,035 噸;北洋艦隊的平均航速為每小時 155 海里,日本聯合艦隊為每小時 181 海里[289],每小時差 26 海里。在發射速度方面,日本聯合艦隊占極大的優勢。日本聯合艦隊

---

[285] 川崎三郎:《日清戰史》第七編,東京博文館西元 1897 年版,第四章,第 112 頁。按:原文將「三十公分半」誤為「三十公分」,予以改正。
[286] 川崎三郎:《日清戰史》第七編,東京博文館西元 1897 年版,第三章,第 59 頁。
[287] 當時雙方艦隊互相接近的速度約為每秒鐘 10 公尺,距離縮短 100 公尺,需時 10 秒鐘。
[288] 王炳耀:《中日戰輯》卷三。
[289] 列入非戰鬥行列的西京丸、赤城 2 艦,未計算在內。

第五章　黃海海戰

擁有速射炮 115 門[290]，而北洋艦隊卻一門速射炮也沒有。本來，豐島海戰之前，北洋艦隊的定遠、鎮遠、經遠、來遠、濟遠 5 艦擬共購速射炮 18 門，需銀約 50 萬兩，終因「餉項支絀，鉅款難籌」[291] 而擱置。有關資料記載，當時速射炮的發射速度每分鐘 10 發砲彈。[292] 而日本方面統計：「我速射炮多，六英寸以下口徑炮，彼射一發則我射四發。」[293] 這樣，北洋艦隊的平均發射速度僅為每分鐘 2 發。有人認為當時雙方力量不相上下，這是不符合事實的。

艦隊	艦名	排水量（噸）	航速（節）	管帶軍級	姓名
北洋艦隊	定遠	7,335	14.5	總兵	劉步蟾
	鎮遠	7,335	14.5	總兵	林泰曾
	致遠	2,300	18.0	副將	鄧世昌
	靖遠	2,300	18.0	副將	葉祖珪
	經遠	2,900	15.5	副將	林永升
	來遠	2,900	15.5	副將	邱寶仁
	濟遠	2,300	15.0	副將	方伯謙
	廣甲	1,296	14.0	都司	吳敬榮
	超勇	1,350	15.0	參將	黃建勳

[290] 據《日清戰爭實記》第九卷，第四十三編，日本軍艦一覽表。裴利曼特（Edmund Fremantle）說日艦有速射炮 45 門。（中國史學會主編：《中日戰爭》第七冊，新知識出版社 1956 年版，第 551 頁）按：應為 54 門，係指 12 公分口徑的一種速射炮而言。

[291] 中國史學會主編：《中日戰爭》第六冊，新知識出版社 1956 年版，第 73 頁。

[292] 中國史學會主編：《中日戰爭》第六冊，新知識出版社 1956 年版，第 73 頁。

[293] 川崎三郎：《日清戰史》第七編，東京博文館西元 1897 年版，第四章，第 187 頁。

第三節 海戰的過程

艦隊	艦名	排水量（噸）	航速（節）	管帶軍級	姓名
北洋艦隊	揚威	1,350	15.0	參將	林履中
日本聯合艦隊	吉野	4,225	22.5	大佐（副將）	河原要一
	高千穗	3,709	18.0	大佐（副將）	野村貞
	秋津洲	3,150	19.0	少佐（游擊）	上村彥之丞
	浪速	3,709	18.0	大佐（副將）	東鄉平八郎
	松島	4,278	16.0	大佐（副將）	尾本知道
	千代田	2,439	19.0	大佐（副將）	內田正敏
	嚴島	4,278	16.0	大佐（副將）	橫尾道昱
日本聯合艦隊	橋立	4,278	16.0	大佐（副將）	日高壯之承
	比睿	2,284	13.5	少佐（游擊）	櫻井規矩之左右
	扶桑	3,777	13.0	大佐（副將）	新井有貫
	西京丸	1,652	10.3	少佐（游擊）	鹿野勇之進
	赤城	622	10.3	少佐（游擊）	阪元八郎太

對此，裴利曼特的評論還是客觀的，他說：「從雙方艦隊的品質上觀之，在噸位、兵員、速射炮及速力等方面，伊東中將率領之日本艦隊占優勢。」[294] 所以，這次海戰對北洋艦隊的廣大官兵來說，確實是一次嚴峻的考驗。

定遠打響第一炮後，北洋艦隊即以「人」字陣猛衝直前，定遠恰在楔狀陣形的尖端，鎮遠則在定遠之右而略偏後，全

---

[294]《裴利曼特關於中日海戰的演說》，轉引自川崎三郎：《日清戰史》第七編，東京博文館西元1897年版，第二章，第316頁。

第五章　黃海海戰

梯隊像銳利的鋒刃插向敵艦群。開戰之際，兩翼諸艦也趕了上來。這樣，整個艦隊又成為類似半月形扁「人」字陣。日本第一游擊隊先是直攻北洋艦隊的中堅，可是看到北洋艦隊來勢凶猛，特別是「畏定、鎮二船甚於虎豹」[295]。故遠在 5,000 公尺以外便急轉彎向左，以避定遠、鎮遠的重彈，並以 2 倍於北洋艦隊的速力（每小時 14 海里）橫越 2 艦之前。於是，日本先鋒艦的右舷便暴露在北洋艦隊的正前方。12 點 53 分，吉野與北洋艦隊相隔約 4,000 公尺時，一顆砲彈飛來，「擊中吉野，穿透鐵板在甲板上爆炸」[296]。吉野為了擺脫不利的處境，便直撲北洋艦隊右翼的弱艦。12 點 55 分，吉野與北洋艦隊右翼超勇、揚威 2 艦相距 3,000 公尺時，開始炮擊。超勇、揚威奮勇抵抗。日方記載：「繼吉野之後，高千穗、秋津洲、浪速亦還炮，進而向敵右翼衝擊。頓時炮煙鎖住海面，彈落如雨。秋津洲之永田大尉此時中敵彈而死。」[297] 日本第一游擊隊 4 艦仍然咬住超勇、揚威不放。先向右轉，繼又向左作迴旋運動，繼續集中火力猛攻不已。超勇、揚威本是木質的包鐵舊式兵船，乃北洋艦隊 10 艦中最弱之艦，艦齡已在 13 年以上，速力遲緩，火力與防禦能力皆差，雖然竭力還擊，終究敵不過號稱「帝國精銳」的日本第一游擊隊 4 艦。超勇、揚威 2 艦中彈甚多，「共罹火災，焰焰黑煙將全艦

---

[295] 中國史學會主編：《中日戰爭》第一冊，新知識出版社 1956 年版，第 169 頁。
[296] 川崎三郎：《日清戰史》第七編，東京博文館西元 1897 年版，第四章，第 122 頁。
[297] 川崎三郎：《日清戰史》第七編，東京博文館西元 1897 年版，第四章，第 122 頁。

第三節 海戰的過程

遮蔽」[298]。不久,超勇右舷傾斜,難以行駛,終於被烈火燒毀。揚威起火後,又復擱淺,失去了戰鬥力。

在日本第一游擊隊開始進攻超勇、揚威2艦的同時,即12點55分,日本旗艦松島恰好到達定遠的正前方。雙方展開猛烈的炮擊。「戰陣甫合,炸彈遽來,正中定遠之桅,桅頂鐵了樓中,有七人焉,彈力猛炸,與桅同墮海底。」[299]松島也成為北洋艦隊炮火集中打擊的目標。「群炮萃於松島,亦擊斷其號旗之桿。」[300]並同時命中其32公分炮塔。[301]開戰之初,丁汝昌正在飛橋上督戰,由於船身中炮而「猛簸」,「拋墮艙面」。[302]丁汝昌受傷後,劉步蟾「代為督戰」[303],「表現尤為出色」[304]。此時,以松島為首的日艦本隊因畏懼定遠、鎮遠的強大砲火,急轉舵向左,到達定遠的右方。於是,北洋艦隊向右旋轉約4度,各艦皆以艦首指向日艦本隊。日艦本隊後繼之比睿、扶桑、西京丸、赤城諸艦因速力遲緩,遠遠落後於前方各艦,遂被北洋艦隊「人」字陣之尖所切斷。這樣一來,日艦本隊便被攔腰截為兩段,形勢大為不利。北洋艦隊抓住這一有利時機,向敵發動猛攻。「定遠猛

---

[298] 川崎三郎:《日清戰史》第七編,東京博文館西元1897年版,第四章,第63頁。
[299] 中國史學會主編:《中日戰爭》第一冊,新知識出版社1956年版,第170頁。
[300] 中國史學會主編:《中日戰爭》第一冊,新知識出版社1956年版,第167頁。
[301] 川崎三郎:《日清戰史》第七編,東京博文館西元1897年版,第四章,第155頁。
[302] 中國史學會主編:《中日戰爭》第一冊,新知識出版社1956年版,第170頁。
[303] 中國史學會主編:《中日戰爭》第三冊,新知識出版社1956年版,第135頁。
[304] 李錫亭:《清末海軍見聞錄》。

第五章　黃海海戰

發右炮攻倭大隊，各船又發左炮攻倭尾隊三船。」[305] 下午 1 點 4 分，定遠發炮擊中松島一炮座附近，擊斃其炮手多名。1 點 10 分，比睿見處境危殆，慌不擇路，冒險向右急轉舵，從定遠和靖遠之間闖進中國艦群，企圖取捷徑與本隊會合。但是，它的目的未能順利達到，反而遭到北洋艦隊猛烈轟擊。「被定遠放出之三十公分半之巨彈擊中，下甲板後部全部毀壞，三宅大軍醫、村越少軍醫、石塚大主計以下十九人被擊得粉碎而死。」[306]「頃刻之間，該艦後部艙面，已起火災，噴出濃煙，甚高甚烈。」[307] 赤城是一艘 600 來噸的小砲艦，只有 4 門炮，航速約每小時 10 海里[308]，開戰之前移於日艦本隊左側西京丸之後，「因速力遲緩，不能繼行，終成為孤軍」[309]。日方記載：「敵艦集中火力攻擊赤城，相距八百公尺，赤城中彈甚多。」[310]「一點二十五分，敵艦的大砲飛來，命中赤城的桅杆頂端，艦長海軍少佐阪元八郎太及以下第一速射炮員兩名，因此捐軀敵彈又打中我前部下甲板，火藥庫防火隊員、唧筒炮員、捕索員等死傷甚多，蒸汽管亦破裂。」[311]「艦上將校幾乎全部被擊斃。」[312] 正在此時，西

---

[305] 中國史學會主編：《中日戰爭》第三冊，新知識出版社 1956 年版，第 134 頁。
[306] 川崎三郎：《日清戰史》第七編，東京博文館西元 1897 年版，第四章，第 125 頁。
[307] 馬吉芬：《黃海海戰評述》，《海事》第十卷，第三期。
[308] 一說赤城的航速為每小時 12 海里，應以每小時 10.25 海里為是。
[309] 中國史學會主編：《中日戰爭》第一冊，新知識出版社 1956 年版，第 242 頁。
[310] 川崎三郎：《日清戰史》第七編，東京博文館西元 1897 年版，第四章，第 132 頁。
[311] 中國史學會主編：《中日戰爭》第一冊，新知識出版社 1956 年版，第 242 頁。
[312] 川崎三郎：《日清戰史》第七編，東京博文館西元 1897 年版，第四章，第 133 頁。

京丸上的日本海軍軍令部部長樺山資紀見比睿、赤城處境危殆，發出要求援救的訊號，日艦第一游擊隊急忙回航來救，比睿、赤城二艦「才得免於難，逃出戰列」[313]。

海戰的第一個回合，從12點50分到下午1點半，歷時40分鐘。定遠先發制人，打響第一炮，雙方展開炮戰。雖然北洋艦隊之超勇、揚威2艦中彈起火，但終於衝斷敵陣，重創比睿、赤城2艘敵艦，使其喪失戰鬥力而逃出戰列。因此，在此回合中，北洋艦隊是占上風的，而日本聯合艦隊則處於失利的地位。

二　腹背受敵──海戰的第二個回合

下午1點半以後，海戰進入第二個回合，日本聯合艦隊轉居上風，北洋艦隊的處境變得不利了。先是日艦第一游擊隊見本隊後繼諸艦危急，於是轉舵向左回航營救，利用左舷速射炮火猛擊北洋艦隊，始得通過，救出扶桑回歸本隊。這時，日艦本隊也繞過北洋艦隊的右翼而到達背後，與第一游擊隊正形成夾擊的形勢。這樣一來，北洋艦隊便陷入腹背受敵的不利境地。

北洋艦隊雖然處境極為困難，但廣大愛國將士莫不同仇敵愾，英勇奮戰。丁汝昌雖然身負重傷，但是將個人的生命危險置之度外，拒絕部下要他進艙養息的規勸，裹傷後始終

---

[313] 川崎三郎：《日清戰史》第七編，東京博文館西元1897年版，第四章，第133頁。

第五章　黃海海戰

坐在甲板上激勵將士。「各將士效死用命，愈戰愈奮，始終不懈。」[314] 但由於海戰開始不久，定遠的訊號裝置即被敵艦的排炮所摧毀，指揮失靈，因而除定遠、鎮遠兩姊妹艦始終保持相互依持的距離外，其餘諸艦只能各自作戰，「伴隨日艦之迴轉而回轉」[315]。

這時，日本聯合艦隊所採取的戰術是：（一）將第一游擊隊置於北洋艦隊正面，「以快船為利器，而吉野為其全軍前鋒，繞行於我船陣之外，駛作環形，蓋既避我鐵甲巨炮，而以其快炮轟我左右翼小船，為避實擊虛計」[316]；（二）將本隊置於北洋艦隊的背面，作為策應，迴旋炮擊，以使北洋艦隊首尾難以相顧。敵人的這一計畫是相當惡毒的。北洋艦隊在極端艱難的情況下，拚死搏戰，與敵艦相拒良久。

戰至下午 2 點半，當時停泊在大東溝港口的平遠、廣丙 2 艦前來參加戰鬥，港內的福龍、左一 2 艘魚雷艇也開到作戰海域。平遠從東北方面駛來，恰好經過松島的舷左，互相展開炮擊。日方記載：「二時三十分，我艦（松島）與平遠相距二千八百公尺，不久近至二千二百公尺，平遠之二十六公分炮擊中中央水雷室，打死左舷魚雷發射手四人。」[317] 平遠

---

[314] 中國史學會主編：《中日戰爭》第三冊，新知識出版社 1956 年版，第 135 頁。
[315] 川崎三郎：《日清戰史》第七編，東京博文館西元 1897 年版，第三章，第 65 頁。
[316] 中國史學會主編：《中日戰爭》第一冊，新知識出版社 1956 年版，第 67 頁。
[317] 川崎三郎：《日清戰史》第七編，東京博文館西元 1897 年版，第四章，第 156 頁。

乃閩廠自造的 2,000 噸級巡洋艦，火力很弱，只有大小炮 11 門，在日艦本隊的猛烈轟擊下，寡不敵眾，勢難久戰，須臾中彈起火。都司平遠管帶李和為撲滅烈火，便下令轉舵駛向大鹿島方向，暫避敵鋒。都司廣丙管帶程璧光也隨之逃避。

鄧世昌

在此危急的時刻，致遠管帶鄧世昌表現得最為突出。在鄧世昌的指揮下，致遠艦縱橫海上，有我無敵，充分表現了中國軍隊誓與敵人血戰到底的氣概。他平時「精於訓練」，「使船如使馬，鳴炮如鳴鏑，無不洞合機宜」，並多次表露過要與敵寇決一死戰的堅強決心，曾對人說：「設有不測，誓與日艦同沉！」[318] 他在海戰中忠實地實踐了自己的諾言。此時，日艦第一游擊隊正由北洋艦隊的右翼向左迴旋，駛至定遠艦的前方，並向定遠進逼，企圖施放魚雷。鄧世昌見此情

---

[318] 中國史學會主編：《中日戰爭》第一冊，新知識出版社 1956 年版，第 167 頁。

第五章　黃海海戰

景，為了保護旗艦，下令「開足機輪，駛出定遠之前」[319]，迎戰來敵。鄧世昌在危險時刻所表現的「勇敢果決，膽識非凡」[320]，對全艦將士是極大的鼓舞。致遠艦在日本先鋒4艦的圍攻下，意氣自若，毫不退縮。在激烈的戰鬥中，致遠艦中彈累累，連續受到敵艦「十寸至十三寸重炮榴霰彈的打擊，水線下受傷」[321]，艦身傾斜，勢將沉沒，而且彈藥將盡，但仍於「陣雲撩亂中，氣象猛鷙，獨冠全軍」[322]。恰在這時，致遠正和吉野相遇。鄧世昌見敵艦吉野橫行無忌，早已義憤填膺，準備與之同歸於盡，以換取全軍的勝利。他對都司幫帶大副陳金揆說：「倭艦專恃吉野，苟沉是船，則我軍可以集事！」[323] 陳金揆深為感動，開足馬力，「鼓輪怒駛，且沿途鳴炮，不絕於耳，直衝日隊而來」[324]。當時，正在吉野艦上指揮的日本先鋒隊司令官海軍少將坪井航三急忙下令駛避，同時施放魚雷。「致遠中其魚雷，機器鍋爐迸裂，船遂左傾，頃刻沉沒。」[325] 管帶鄧世昌、大副陳金揆和二副周居階等同時落水。鄧世昌墜海後，其隨從劉相忠為搶救他，也跟著持救生圈跳入海中，拉他浮出水面。但是，鄧世

---

[319] 中國史學會主編：《中日戰爭》第三冊，新知識出版社1956年版，第134頁。
[320] 川崎三郎：《日清戰史》第七編，東京博文館西元1897年版，第四章，第67頁。
[321] 川崎三郎：《日清戰史》第七編，東京博文館西元1897年版，第四章，第67頁。
[322] 中國史學會主編：《中日戰爭》第七冊，新知識出版社1956年版，第550頁。
[323] 中國史學會主編：《中日戰爭》第一冊，新知識出版社1956年版，第67頁。
[324] 中國史學會主編：《中日戰爭》第七冊，新知識出版社1956年版，第550頁。
[325] 中國史學會主編：《中日戰爭》第一冊，新知識出版社1956年版，第67頁。

第三節　海戰的過程

昌「以闔船俱沒，義不獨生，仍復奮擲自沉」[326]。此刻，鄧世昌所飼養的一隻名為「太陽犬」的狗也游到他身邊，用嘴叼住他的髮辮，使其不能沉入海中。鄧世昌誓與艦共存亡，毅然用手將狗頭按入水裡，自己也隨之沉沒於波濤之中。[327] 鄧世昌同全艦 200 餘名將士，除 27 名獲救外，其餘全部壯烈犧牲。[328] 鄧世昌和致遠艦將士這種氣壯山河、視死如歸的大無畏精神，更加鼓舞了全軍眾多將士的鬥志。

　　致遠沉沒後，北洋艦隊左翼陣腳之濟遠、廣甲二艦遠離本隊，處境孤危，本應互相依持，向靖遠靠攏，以保持原來的陣形。但是，濟遠管帶方伯謙看到致遠沉沒，卻嚇得大驚失色。方伯謙本來是一個貪生怕死的膽小鬼，在豐島海戰中即曾做過可恥的逃兵。其為人狡詐陰險，水手們替他取了個綽號叫「黃鼠狼」。海戰開始後，他無心作戰，只是四處亂竄，躲避敵彈，各艦水手目睹方伯謙的醜惡表演，無不恨之入骨，皆切齒罵道：「滿海跑的黃鼠狼！」[329] 開戰不久，他即藉口「全炮座損壞，無力防禦」[330]，「先掛本艦已受重傷之旗」[331]，準備逃跑。既見致遠中魚雷炸沉，北洋艦隊處境危殆，他竟置他艦於不顧，轉舵逃跑，「茫茫如喪家之犬，遂

---

[326] 中國史學會主編：《中日戰爭》第三冊，新知識出版社 1956 年版，第 136 頁。
[327] 據《來遠艦水手陳學海口述》(1956 年)。
[328] 川崎三郎：《日清戰史》第七編，東京博文館西元 1897 年版，第三章，第 68 頁。
[329] 據《來遠艦水手陳學海口述》(1956 年)。
[330] 川崎三郎：《日清戰史》第七編，東京博文館西元 1897 年版，第三章，第 61 頁。
[331] 中國史學會主編：《中日戰爭》第一冊，新知識出版社 1956 年版，第 168 頁。

第五章　黃海海戰

誤至水淺處。適遇揚威鐵甲船，又以為彼能駛避，當捩舵離淺之頃，直向揚威。不知揚威先已擱淺，不能轉動，濟遠撞之，裂一大穴，水漸汩汩而入。」[332] 揚威立沉於海。幸「左一」號魚雷艇奉命及時趕來救援，全艦 130 人中半數獲救，其餘半數包括管帶林履中、大副鄭文超、二副鄭景清等皆身亡。方伯謙更是驚駭欲絕，鼓輪如飛，遁入旅順口。[333] 而據事後檢查，濟遠「機器整然，未見別的故障，僅僅在艦尾之六寸炮被敵彈擊中炮耳，乃是從背面打入，證明是因為該艦逃走之際受敵狙擊所致」[334]。

廣甲管帶吳敬榮見濟遠逃跑，也急忙隨之駛出陣外，因慌不擇路，離開航線。夜半時，「至大連灣三山島外，迫近叢險石堆，該船弁勇僉告管帶，船已近灘，必不可進。管帶不聽，致船底觸石進水，不能駛出」[335]，遂致擱淺。吳敬榮則棄艦登岸，逃命而去。第二天，廣甲即被日艦擊沉。

濟遠、廣甲 2 艦逃跑後，日本第一游擊隊尾追不捨，「因相距過遠折回」[336]。日本先鋒隊 4 艦繼而轉航向左，橫越定遠、鎮遠之前，繞攻北洋艦隊右翼陣腳之經遠。經遠被劃出陣外，遭到敵先鋒隊的圍攻，中彈甚多，「船群甫離，火勢陡

---

[332] 中國史學會主編：《中日戰爭》第一冊，新知識出版社 1956 年版，第 168 頁。
[333] 方伯謙逃回旅順後，於 9 月 20 日被清政府下令處斬。
[334] 川崎三郎：《日清戰史》第七編，東京博文館西元 1897 年版，第三章，第 61 頁。
[335] 中國史學會主編：《中日戰爭》第六冊，新知識出版社 1956 年版，第 89 頁。
[336] 中國史學會主編：《中日戰爭》第三冊，新知識出版社 1956 年版，第 134 頁。

發」[337]。經遠管帶林永升率領全艦將士，有進無退，「奮勇摧敵」[338]。全艦將士「發炮以攻敵，激水以救火，依然井然有序」[339]。日本吉野、高千穗、秋津洲、浪速4艦死死咬住經遠，「先以魚雷，繼以叢彈」[340]。經遠艦以一敵四，毫不畏懼，「拒戰良久」[341]。

這時，林永升忽然發現一敵艦中彈受傷，遂下令「鼓輪以追之」，「非欲擊之使沉，即須擒之同返」。[342]敵艦依仗勢眾，群炮萃於經遠。在激烈的炮戰中，林永升「突中敵彈，腦裂陣亡」[343]。都司幫帶大副陳榮和二副陳京瑩也先後中炮犧牲。經遠艦在「船行無主」[344]的情況下，水手們堅守職位，絕不後退一步。此時，經遠與敵艦相距不到2,000公尺，遭到日艦第一游擊隊的「近距離炮火猛轟，尤其被吉野之六寸速射炮猛烈打擊，遂在烈焰中沉沒」[345]。經遠艦身雖在逐漸下沉，水手們仍然繼續開炮擊敵，一直堅持到最後的時刻。全艦200餘人當中，除16人遇救生還外，餘者全部壯烈犧牲。這時已是下午3點。

---

[337] 中國史學會主編：《中日戰爭》第一冊，新知識出版社1956年版，第168頁。
[338] 中國史學會主編：《中日戰爭》第三冊，新知識出版社1956年版，第129頁。
[339] 中國史學會主編：《中日戰爭》第一冊，新知識出版社1956年版，第168頁。
[340] 中國史學會主編：《中日戰爭》第三冊，新知識出版社1956年版，第134頁。
[341] 中國史學會主編：《中日戰爭》第三冊，新知識出版社1956年版，第134頁。
[342] 中國史學會主編：《中日戰爭》第一冊，新知識出版社1956年版，第168頁。
[343] 中國史學會主編：《中日戰爭》第三冊，新知識出版社1956年版，第134頁。
[344] 中國史學會主編：《中日戰爭》第一冊，新知識出版社1956年版，第68頁。
[345] 川崎三郎：《日清戰史》第七編，東京博文館西元1897年版，第三章，第67頁。

第五章　黃海海戰

海戰的第二個回合，從下午1點半到3點，歷時15個小時。此時，中國方面超勇、揚威2艦焚，致遠、經遠2艦沉，濟遠、廣甲2艦逃，只剩下定遠、鎮遠、靖遠、來遠4艦仍在堅持戰鬥，而日艦本隊尚餘松島、千代田、嚴島、橋立、扶桑、西京丸6艘，加上第一游擊隊之吉野、高千穗、秋津洲、浪速4艦，則共有10艘戰艦。雙方戰艦數量的對比是4比10。因此，在此回合中，日本方面由劣勢變為優勢，轉居上風，北洋艦隊則轉入劣勢，處境更加困難了。

三　力挽危局 —— 海戰的第三個回合

北洋艦隊雖然一時居於劣勢，處境極端困難，但定遠、鎮遠、靖遠、來遠4艦全體將士誓死搏鬥，力挽危局，誓與敵人拚戰到底。因此，戰場上出現了敵我相持的局面。

下午3點鐘以後，雙方艦隊開始分為兩群同時進行戰鬥：日艦本隊松島、千代田、嚴島、橋立、扶桑、西京丸6艦纏住定遠、鎮遠2艦；第一游擊隊吉野、高千穗、秋津洲、浪速4艦則專力進攻靖遠、來遠2艦。日本方面的企圖是，把中國4艘戰艦分割為二，使之彼此不能相顧：攻靖遠、來遠是實，攻定遠、鎮遠是虛，虛實並舉，以實為主，以虛為輔，先擊沉靖遠和來遠，然後全軍合力圍攻定遠和鎮遠。敵人的計畫確實是極為狠毒的，但在北洋艦隊愛國將士的英勇打擊下，卻遭到了可恥的失敗。

第三節　海戰的過程

這個回合一開始，形勢顯然對北洋艦隊非常不利。日本聯合艦隊依仗其艦多勢眾，對北洋艦隊又是包圍，又是猛撲，恨不得一口吃掉。但是，中國4艘戰艦巍然屹立，不可動搖，使敵人只能徒喚奈何。相反，日艦本隊有6艘戰艦，數量是定遠、鎮遠的3倍，但由於艦型混雜，速度不一，很快便露出了破綻。在日艦本隊6艦中，西京丸的處境最為不妙。本來，早在半個多小時前，西京丸已經負傷，被30公分半口徑砲彈「擊中右舷側，打斷蒸汽管，致使蒸汽舵機失靈」[346]，「乃以舵索代替舵機，僅能勉強而行」[347]。3點5分，西京丸已經遠離本隊，而中國魚雷艇「福龍」號又突然出現在它的正前方400公尺處，「用前部水雷發射，距西京丸1公尺之距離由右舷越過，未射中。接著，第二發魚雷又由左舷射來。此時，西京丸正側面向敵，迴轉已來不及。樺山中將同六名將校正在艦橋中，皆以為『我事已畢』，相對默然，只能目視水雷襲來。水雷忽從右舷水面逸去，蓋因兩艦相距太近，水雷從深水通過而未能觸發也」[348]。「西京丸僅免於難，離開了戰列。」[349] 這樣，日艦本隊便只剩下5艦了。

靖遠、來遠2艦將士也打得十分勇敢頑強。靖遠管帶葉

---

[346] 川崎三郎：《日清戰史》第七編，東京博文館西元1897年版，第四章，第140頁。
[347] 中國史學會主編：《中日戰爭》第一冊，新知識出版社1956年版，第242頁。
[348] 川崎三郎：《日清戰史》第七編，東京博文館西元1897年版，第四章，第140～141頁。
[349] 中國史學會主編：《中日戰爭》第一冊，新知識出版社1956年版，第242頁。

第五章　黃海海戰

祖珪和來遠管帶邱寶仁，覺察到敵人的險惡用心，便臨時結成姊妹艦[350]，彼此保持一定的距離以互相依持，堅持與敵人戰鬥到底。在激烈的海戰中，靖遠、來遠 2 艦以寡敵眾，「苦戰多時」[351]，均受重傷。來遠艦中彈 200 多顆。3 點 20 分，一顆砲彈在來遠艦甲板上爆炸，「引起猛烈火災」[352]，「延燒房艙數十間」[353]。頓時，來遠艦上「烈焰騰空，被猛火包圍。但艦首炮依然發射，士卒奮力救火。此時，機器室內火焰升騰，不得已將通風管密閉，黑暗中由上甲板向焚火室傳達命令僅靠通風管傳話。全艦將士不顧二百度之高溫，始終堅守職位，恪盡職守」[354]。來遠艦將士這種艱苦卓絕的鬥爭精神和視死如歸的英雄氣概，贏得了全軍將士的讚佩，連當時在作戰海域附近「觀戰」的外國海軍官兵也無不視為奇蹟。「戰後，來遠駛歸旅順，中外人士目睹其損傷如此嚴重，尚能平安抵港，皆為之驚嘆不置。」[355]

與此同時，靖遠也中彈 10 餘顆，特別是「水線為彈所傷，進水甚多」[356]，情況十分危急。在此緊急關頭，為了修補漏洞和撲滅烈火，並使定遠和鎮遠得以專心對敵，靖遠、

---
[350] 原來靖遠和致遠為姊妹艦，來遠和經遠為姊妹艦，靖遠與來遠炮型、噸位、速力等均不同。
[351] 中國史學會主編：《中日戰爭》第三冊，新知識出版社 1956 年版，第 134 頁。
[352] 中國史學會主編：《中日戰爭》第一冊，新知識出版社 1956 年版，第 242 頁。
[353] 中國史學會主編：《中日戰爭》第三冊，新知識出版社 1956 年版，第 134 頁。
[354] 川崎三郎：《日清戰史》第七編，東京博文館西元 1897 年版，第三章，第 66 頁。
[355] 川崎三郎：《日清戰史》第七編，東京博文館西元 1897 年版，第三章，第 66 頁。
[356] 中國史學會主編：《中日戰爭》第三冊，新知識出版社 1956 年版，第 134 頁。

第三節 海戰的過程

來遠2艦便衝出敵艦的包圍，駛至大東溝西南的大鹿島附近，以吸引日艦第一游擊隊離開作戰海域。果然，日艦第一游擊隊尾隨而來。而在此時，靖遠、來遠2艦早已搶先占據有利的地勢，背靠淺灘，一面把握時間滅火修補，一面用艦首的重炮瞄準敵艦。日艦第一游擊隊害怕吃虧，不敢靠近，只是來回遙擊，喪失了自由機動的能力，這就使靖遠、來遠2艦贏得了修補、滅火的時間。

此時，在戰場上，北洋艦隊僅剩定遠、鎮遠2艦，同日艦本隊松島、千代田、嚴島、橋立、扶桑5艘猛烈搏鬥。敵人視定遠、鎮遠2艦為眼中釘，「其所欲得而甘心者，亦唯定鎮二船」[357]。定遠、鎮遠2艦雖處在5艘敵艦的包圍之中，「藥彈狂飛，不離左右」[358]，但全體將士高度發揚了果敢沉著的戰鬥精神。在敵艦炮火的猛烈轟擊下，「各將弁誓死抵禦，不稍退避，敵彈叢集，每船致傷千餘處，火焚數次，一面救火，一面抵敵」[359]。連日方也如此記載：「定遠、鎮遠二艦頑強不屈，奮力與我抗爭，一步亦不稍退。」「我本隊舍其他各艦不顧，舉全部五艘之力量合圍兩艦，在榴霰彈傾注下，再三引起火災。定遠甲板部位起火，烈焰洶騰，幾乎延燒全艦。鎮遠前甲板殆乎形成絕命大火，將領集合士兵救火，雖彈丸如雨，仍欣然從事，在九死一生中毅然將火撲

---

[357] 中國史學會主編：《中日戰爭》第一冊，新知識出版社1956年版，第169頁。
[358] 中國史學會主編：《中日戰爭》第一冊，新知識出版社1956年版，第169頁。
[359] 中國史學會主編：《中日戰爭》第三冊，新知識出版社1956年版，第135頁。

第五章　黃海海戰

滅，終於避免了一場危難。」[360]敵人甚至用望遠鏡觀測到，鎮遠艦上有一名軍官正在「泰然自若地拍攝戰鬥照片」[361]。可見，儘管戰鬥環境險惡叢生，中國將士始終懷著必勝的信心。

在這場你死我活的搏鬥中，右翼總兵定遠管帶劉步蟾肩負重任，指揮得力。他「早年去英習海軍，成績冠諸生」[362]，「涉獵西學，功深伏案」[363]。歸國後，「海軍規劃，多出其手」[364]，是中國最早的海軍人才。劉步蟾富有愛國思想，曾多次對覬覦北洋艦隊領導權的洋員展開爭鬥。[365]在戰前即曾對人說：「苟喪艦，將自裁。」[366]劉步蟾代替身負重傷的提督丁汝昌督戰，「表現尤為出色」[367]。他「指揮進退，時刻變換，敵炮不能取準」[368]。全艦將士上下一心，勇摧強敵。定遠艦的水手們有口皆碑：「劉船主有膽量，有能耐，全船沒有一個孬種！」[369]據日本記載，定遠對日艦「配備大口徑炮之最新式諸巡洋艦毫不畏懼」，「陷於厄境，猶能與合圍之敵艦抵抗。定遠起火後，甲板上各種設施全部毀壞，但無

---

[360] 川崎三郎：《日清戰史》第七編，東京博文館西元1897年版，第三章，第70頁。
[361] 川崎三郎：《日清戰史》第七編，東京博文館西元1897年版，第三章，第71頁。
[362] 李錫亭：《清末海軍見聞錄》。
[363] 中國史學會主編：《中日戰爭》第七冊，新知識出版社1956年版，第544頁。
[364] 《清史稿劉步蟾傳》。
[365] 戚其章：《應該為劉步蟾恢復名譽》，《破與立》1978年第5期。
[366] 中國史學會主編：《中日戰爭》第六冊，新知識出版社1956年版，第67頁。
[367] 李錫亭：《清末海軍見聞錄》。
[368] 中國史學會主編：《中日戰爭》第三冊，新知識出版社1956年版，第135頁。
[369] 據《定遠艦水手陳敬永口述》（1958年）。

第三節　海戰的過程

一人畏戰避逃」。[370] 有的水手負傷後，「雖已殘廢，仍裹創工作如常」。[371]

左翼總兵鎮遠管帶林泰曾，早年亦去英國學習海軍，他在海戰中表現也很突出。在他的指揮下，鎮遠艦與定遠艦密切配合，戰績卓越。

日方記載：「鎮遠與定遠的配置及間隔，始終不變位置，用巧妙的航行和射擊，時時掩護定遠，奮勇當我諸艦，援助定遠且戰且進。」[372] 定遠、鎮遠2艦之所以能夠與日艦本隊5艦「相搏，歷一時許」[373]，始終堅不可摧，鎮遠艦廣大將士是作出了貢獻的。在這關係到全艦生死存亡的緊急時刻，林泰曾指揮沉著果斷：「開炮極為靈捷，標下各弁兵亦皆恪遵號令，雖日彈所至，火勢東奔西竄，而施救得力，一一熄滅。」[374] 全艦水手中，爭先殺敵、前僕後繼的事蹟真是層出不窮。艦上12英寸炮的一名炮手「手握牽索進行瞄準，突來一彈將其頭截斷，頭骨粉碎，遂僕側，身旁一士兵立即上前，將無頭之身軀擁抱交於身後一兵，而自己則緊握牽索進行修正和發射」[375]。艦上有一名少年新水手，是一位炮手之幼弟，亦「參加此次航海，戰鬥開始時被分配在露炮塔之炮

---

[370] 川崎三郎：《日清戰史》第七編，東京博文館西元1897年版，第三章，第70頁。
[371] 中國史學會主編：《中日戰爭》第六冊，新知識出版社1956年版，第50頁。
[372] 川崎三郎：《日清戰史》第七編，東京博文館西元1897年版，第三章，第70頁。
[373] 中國史學會主編：《中日戰爭》第三冊，新知識出版社1956年版，第135頁。
[374] 中國史學會主編：《中日戰爭》第一冊，新知識出版社1956年版，第169頁。
[375] 川崎三郎：《日清戰史》第七編，東京博文館西元1897年版，第三章，第72頁。

第五章　黃海海戰

後某位置。他熱心職事，毫不畏懼。已而炮手負傷，他立將其兄扶至甲板下施以繃帶，使之安心養傷，然後再回到自己位置堅持戰鬥」[376]。這兩兄弟並肩抗敵的英雄事蹟，後來在北洋艦隊中傳為佳話。裴利曼特事後評論說：日軍「不能全掃乎華軍者，則以有巍巍鐵甲船兩大艘也」[377]。這是符合當時的實際情況的。

戰至下午 3 點半前後，當定遠與日本旗艦「松島」號相距大約 2,000 公尺時，由定遠「發出之三十公分半大砲命中松島右舷下甲板，轟然爆炸，擊毀第四號速射炮，且左舷炮架全部破壞，並引起堆積在甲板上的藥包爆炸。剎那間，如百電千雷崩裂，發出悽慘絕寰巨響。俄而，劇烈震盪，艦體傾斜，烈火焰焰焦天，白煙茫茫蔽海。死傷者達 84 人，隊長志摩大尉、分隊士伊東少尉死之。死屍紛紛，或飛墜海底，或散亂甲板，骨碎血溢，異臭撲鼻，其慘憯殆不可言狀。須臾，烈火吞沒艦體，濃煙蔽空，狀至危急。雖全艦盡力滅火，輕傷重傷者皆躍起搶救，但海風甚猛，火勢不衰，宛然一大火海」[378]。伊東祐亨為了挽救該艦的沉沒，一面親自指揮船員滅火，一面下令「將軍樂隊等非戰鬥人員補為炮

---

[376] 川崎三郎：《日清戰史》第七編，東京博文館西元 1897 年版，第三章，第 72 頁。
[377] 中國史學會主編：《中日戰爭》第七冊，新知識出版社 1956 年版，第 550 頁。
[378] 川崎三郎：《日清戰史》第七編，東京博文館西元 1897 年版，第四章，第 157 頁。

手」[379]。半小時後,松島上的烈火雖然熄滅,但其艦上的設施被摧毀殆盡,已經喪失了指揮和戰鬥的能力。4點10分,松島發出訊號:「各船隨意運動!」[380] 實際上,這是一個撤退的訊號。於是,日艦本隊各艦便竭力擺脫定遠、鎮遠2艦,向東南方向逃逸。

海戰的第三個回合,從下午3點到4點10分,歷時70分鐘。在此階段中,定遠、鎮遠2艦力挽危局,重創敵艦,終於化被動為主動,使日艦本隊不敢頑抗而逃逸。

四　轉敗為功——海戰的第四個回合

戰至下午4點10分,日艦本隊向東南方向逃逸,但在定遠、鎮遠2艦的追擊下,又回頭續戰。

日艦本隊為什麼逃而復回呢?《中倭戰守始末記》說:「倭船五艘向東逃遁。定遠、鎮遠二船,隨後追襲。倭軍見追者僅有二船,遂復轉輪酣戰。」[381] 事實並非如此。因為定遠、鎮遠2艦已經與日艦本隊激戰了一個多小時,並不是敵艦這時才發現「追者僅有二船」的。日方記載中倒透露了一點事實:「我艦隊攻擊力稍鬆弛,向東南退去,定遠、鎮遠尾追進逼,於是我本隊回頭再戰。」[382] 由此可知,日艦本隊不是

---

[379] 川崎三郎:《日清戰史》第七編,東京博文館西元1897年版,第四章,第161頁。
[380] 川崎三郎:《日清戰史》第七編,東京博文館西元1897年版,第四章,第161頁。
[381] 川崎三郎:《日清戰史》第七編,東京博文館西元1897年版,第三章,第43頁。
[382] 川崎三郎:《日清戰史》第七編,東京博文館西元1897年版,第三章,第45頁。

第五章　黃海海戰

不想逃，而是在定遠、鎮遠 2 艦的「尾追進逼」下，不得已才回頭復戰的。馬吉芬說：「我兩鐵甲艦對之進行追擊，相距僅二三里。」[383]「二三里」，即 1,000 多公尺。可見，日艦本隊始終沒有逃出定遠、鎮遠 2 艦有效射程的範圍。特別是定遠、鎮遠 2 艦用的是艦首 30 公分半口徑重炮轟擊，而日艦只能用 12 公分口徑的尾炮應戰，根本無法抵禦。日艦為了自保，只能瘋狂地進行反撲。「此為當日最猛烈之炮擊。鎮遠六寸炮之彈藥一百四十八發全部用盡。剩下十二寸炮用之鋼鐵彈只剩五發，榴彈全部射盡。」[384]「艙面之所有，被日彈悉數掃去，又有一炮擊毀船右大砲之機器，此炮已無從開放。」[385]「定遠亦陷於同樣悲境」[386]，「遍船皆火，炮械俱盡」[387]。戰到後來，「定遠只有三炮，鎮遠只有兩炮，尚能施放」[388]。定遠、鎮遠 2 艦在彈藥所剩無幾的情況下，為了能夠堅持到最後結束戰鬥，便盡量降低發射速度，「每三分鐘僅放一炮」[389]。

在激烈的炮戰中，日艦本隊受創嚴重。其旗艦松島不但「艙面之物掃蕩無存」[390]，而且「艦體吃水線以下部分被擊中

---

[383] 馬吉芬：《黃海海戰評述》，《海事》第十卷，第三期。
[384] 馬吉芬：《黃海海戰評述》，《海事》第十卷，第三期。
[385] 中國史學會主編：《中日戰爭》第一冊，新知識出版社 1956 年版，第 169 頁。
[386] 馬吉芬：《黃海海戰評述》，《海事》第十卷，第三期。
[387] 中國史學會主編：《中日戰爭》第一冊，新知識出版社 1956 年版，第 68 頁。
[388] 中國史學會主編：《中日戰爭》第三冊，新知識出版社 1956 年版，第 135 頁。
[389] 川崎三郎：《日清戰史》第七編，東京博文館西元 1897 年版，第三章，第 44 頁。
[390] 中國史學會主編：《中日戰爭》第一冊，新知識出版社 1956 年版，第 172 頁。

數彈，炮手及其他人員蒙受重大損害」[391]，瀕於沉沒。其餘 4 艦「或受重傷，或遭小損，業已無一瓦全」。[392] 在定遠、鎮遠 2 艦的沉重打擊下，敵人鬥志渙散，無心戀戰，只是來回亂竄，躲避重彈，完全處於被動挨打的局面。

下午 5 點鐘前後，「靖遠、來遠修竣歸隊」[393]。靖遠艦管帶葉祖珪知道定遠桅樓被毀，無從指揮，便主動代替旗艦，「從旁升收隊旗」[394]。於是，來遠、平遠、廣丙諸艦及福龍、左一 2 魚雷艇隨之，尚在港內的鎮南、鎮中 2 砲艦和左二、左三 2 魚雷艇也出港會合。北洋艦隊聲勢益振。定遠、鎮遠 2 艦直到海戰的最後階段，「仍有穩固不搖之氣概」，「是以將次罷戰，竟若能恢復軍威，而仍有自主之意也者」。[395] 此時，北洋艦隊已將戰爭的主動權掌握在自己手中了。

到下午 5 點半時，日艦本隊多受重傷，一蹶不振，又見北洋艦隊集合後，愈戰愈奮，害怕被殲，便發出「停止戰鬥」的訊號，並且不等第一游擊隊會合，便立即向南逃駛。此時，太陽將沉，暮色蒼茫，北洋艦隊尾追數海里，因敵艦開

---

[391] 川崎三郎：《日清戰史》第七編，東京博文館西元 1897 年版，第四章，第 183 頁。
[392] 中國史學會主編：《中日戰爭》第一冊，新知識出版社 1956 年版，第 171 頁。
[393] 中國史學會主編：《中日戰爭》第三冊，新知識出版社 1956 年版，第 135 頁。
[394] 中國史學會主編：《中日戰爭》第六冊，新知識出版社 1956 年版，第 89 頁。
[395] 中國史學會主編：《中日戰爭》第七冊，新知識出版社 1956 年版，第 550～551 頁。

第五章　黃海海戰

足馬力,「行駛極速,瞬息已遠」[396],遂收隊駛回旅順。

日艦本隊南逃後,其第一游擊隊也隨後趕來。直到下午6點鐘,第一游擊隊才趕上本隊。7點15分時,伊東祐亨發現北洋艦隊已停止追擊,便下令停駛,「率幕僚移往橋立,以之為旗艦」[397]。此時,「薄暮冥冥,蒼煙鎖海,雲濤杳渺,滿目慘然」[398]。日本聯合艦隊官兵就是在這種悽惶的心情下逃離戰場的。

海戰的第四個回合,從下午4點10分到5點半,歷時80分鐘。在此階段中,日艦本隊在定遠、鎮遠2艦的尾追進逼下,不得已回頭復戰,企圖用瘋狂反撲來挽回頹勢。但是,中國方面始終掌握了戰爭的主動權,終於「以寡敵眾,轉敗為功」[399],最後迫使敵艦倉皇南逃。歷時近5個小時的大東溝海戰,至此乃告結束。

現將四個回合的戰況列表於下節,以供參考。

---

[396] 中國史學會主編:《中日戰爭》第三冊,新知識出版社1956年版,第135頁。
[397] 川崎三郎:《日清戰史》第七編,東京博文館西元1897年版,第四章,第161頁。
[398] 川崎三郎:《日清戰史》第七編,東京博文館西元1897年版,第四章,第161頁。
[399] 中國史學會主編:《中日戰爭》第三冊,新知識出版社1956年版,第135頁。

第四節　誰是海戰的勝利者

黃海海戰的勝利究竟屬於誰？歷來議論紛紜，迄今未有定評。

回合	時間	戰況
第一個回合	12:50	日本第一游擊隊頭艦吉野與定遠相距 5,300 公尺時，定遠向吉野先開第一炮，砲彈落於吉野左舷 100 公尺海中
		兩軍開始相接，北洋艦隊形成「人」字形的燕翦陣
	12:53	吉野被擊中，砲彈穿透甲板在甲板上爆炸
	12:55	日艦開始回擊，定遠桅樓被毀
		松島艦首 32 公分炮塔被擊中
		日艦第一游擊隊左轉舵，繞攻北洋艦隊右翼超勇、揚威二艦
		超勇中炮起火，不久燒毀
		揚威中炮起火後，又復擱淺
	13:04	定遠一炮擊中松島一炮座附近，殲其炮手多名
	13:10	日艦本隊後繼之比睿、扶桑、西京丸、赤城諸艦因速度遲緩，被北洋艦隊「人」字陣之尖所切斷
		比睿見處境危殆，從定遠和靖遠之間闖入中國艦群，被定遠之 30 公分半砲彈擊中，三宅貞造大軍醫等 19 人斃命

第五章　黃海海戰

回合	時間	戰況
第一個回合	13:25	赤城中彈累累，艦長海軍少佐阪元八郎太被擊斃，艦上將校傷亡殆盡
		西京丸發出求救訊號，日艦第一游擊隊回航來營救。比睿、赤城皆逃離戰場
第二個回合	13:30	日艦第一游擊隊回航後，日艦本隊也繞至北洋艦隊背後，對北洋艦隊採取夾擊的形勢
		北洋艦隊腹背受敵，處境轉為不利
	14:30	停泊大東溝港口的平遠、廣丙2艦前來參加戰鬥，魚雷艇福龍、左一也開到作戰海域
		平遠之26公分炮命中松島中央水雷室，打死其左舷魚雷發射手4人
		平遠中彈起火，轉舵駛向大鹿島，暫避敵鋒，以撲滅烈火；廣丙隨之
		西京丸受重傷，舵機失靈
	15:00	日艦第一游擊隊採取「左右環裏而攻」的戰術
		致遠艦正和吉野相遇，管帶鄧世昌為了確保全軍的勝利，毅然下令怒衝吉野，不幸中魚雷，機器鍋爐迸裂，頃刻沉沒
		濟遠見致遠沉沒，轉舵逃跑，誤撞擱淺之揚威，揚威立沉於海
		廣甲繼逃
		日艦第一游擊隊又圍攻經遠。經遠奮勇抵抗，拒戰良久，中炮起火，在烈焰中沉沒

第四節　誰是海戰的勝利者

回合	時間	戰況
第三個回合	15:05	「福龍」號魚雷艇對西京丸發射魚雷2枚，未中
		西京丸逃離戰場
		雙方艦隊分為兩群同時進行戰鬥：日艦本隊纏住定遠、鎮遠2艦；第一游擊隊則圍攻靖遠、來遠2艦
	15:20	來遠中彈，引起猛烈火災
		靖遠艦水線中彈而進水
		靖遠、來遠2艦駛往大鹿島附近，進行修補滅火，並將日艦第一游擊隊引離作戰海域
		定遠、鎮遠2艦奮戰日艦本隊
	15:30	定遠30公分半大砲命中松島。松島受重創，並引起猛烈火災，死傷84人
	16:10	日艦本隊向東南方向逃逸，定遠、鎮遠2艦追擊
第四個回合	16:20	日艦本隊在定遠、鎮遠2艦的尾追緊逼下，不得已回頭復戰
	17:00	靖遠、來遠2艦修竣歸隊
		靖遠代旗艦掛出收隊旗
		平遠、廣丙、福龍、左一隨後駛至，港內鎮南、鎮中2砲艦和左二、左三2魚雷艇也出港會合
		北洋艦隊聲勢益振
	17:30	日艦本隊多受重傷，一蹶不振，一面招第一游擊隊來會，一面向南駛逃
		北洋艦隊尾追數海里，因敵艦行駛極速，已經遠逃，遂收隊駛回旅順

161

第五章　黃海海戰

海戰之後，日本軍方頭目極力彌補損失，反誣北洋艦隊先退，誇稱大捷。日本宣傳機關也大肆宣揚「日艦得保凱旋」[400]。對此，當時即有人揭露說：「日本各艦所受損傷，據日人自稱，極鮮極微，殊不知日隊歸航之時常盡作偽之能事，將被彈之孔，用塗色帆布加以隱蔽，令外人無從見其受傷，致世人不明真相，多誤信之。反之，中國受傷艦抵旅順後，泊於東港，不事隱諱，任人觀覽。」[401] 甚至有人指出，「每戰必諱敗為勝」，乃日軍的慣用伎倆。[402]

另外，從當時的中外輿論看，大體有兩種說法：一謂中日雙方損失相當，如稱「海軍一戰，中日船傷人斃，彼此相敵」[403]；一謂中國方面獲勝，如稱「雖互有損傷，而倭船傷重先退，我軍可謂小捷」[404]，甚至認為中國此戰「獲全勝，大壯海軍之色」[405]。另外，在日本海軍內部，私下裡也有「自言敗仗」[406] 的，未敢以勝利者自居。

評價如此不同，究竟以何者為是呢？對於這個問題，不能簡單地做出回答，而需要進行全面的分析。

首先，雙方艦隊到黃海的目的是不同的：北洋艦隊是為

---

[400] 中國史學會主編：《中日戰爭》第三冊，新知識出版社1956年版，第118頁。
[401] 馬吉芬：《黃海海戰評述》，《海事》第十卷，第三期。
[402] 川崎三郎：《日清戰史》第七編，東京博文館西元1897年版，第三章，第42頁。
[403] 中國史學會主編：《中日戰爭》第三冊，新知識出版社1956年版，第118頁。
[404] 中國史學會主編：《中日戰爭》第三冊，新知識出版社1956年版，第124頁。
[405] 《時事新編》，論行軍當嚴賞罰。
[406] 中國史學會主編：《中日戰爭》第三冊，新知識出版社1956年版，第130頁。

第四節　誰是海戰的勝利者

了護運劉盛休的 8 營銘軍從大東溝登岸；日本聯合艦隊是為了尋找北洋艦隊決戰，以實現其「聚殲清艦於黃海中」的計畫。[407] 僅就完成任務這一點說，北洋艦隊是成功地做到了；而日本聯合艦隊則未做到，所以是失算了。

其次，在這場歷時近 5 個鐘頭的海戰中，最後是日本聯合艦隊勢窮力盡而先逃的。對此，日本方面極盡掩飾之能事，卻不能不露出馬腳來。試看伊東祐亨關於黃海海戰的兩次報告。第一次，報告是在 9 月 18 日給日本天皇的，內稱：「維時日已將落，中國艦隊退至威海衛，我船隨之而行。」[408] 饒有趣味的是，伊東在這裡不說北洋艦隊「逃」，而說「退」；不說日本聯合艦隊「追」，而說「隨」。用詞是經過斟酌的。然而，他又說北洋艦隊「退至威海衛」。這就說明他根本不知道北洋艦隊回到旅順了。因為海戰是頭一天發生的，而日本聯合艦隊又是先逃的，伊東還來不及探悉北洋艦隊的去向，所以只好這樣猜測了。第二次報告，是在 9 月 21 日給日本大本營的，內稱：「此時鎮遠、定遠與諸艦會合，本隊與先鋒隊相距甚遠，且已漸日暮，於是停止戰鬥。我召回先鋒隊，時午後五時半已過。其時見敵指向南方，向威海衛方向逃走。」[409]

---

[407] 或據李鴻章大東溝戰狀折中的一段話：「內有一船係裝馬步兵千餘，將由大孤山登岸，襲我陸路後路，竟令全軍俱覆。」（中國史學會主編：《中日戰爭》第三冊，新知識出版社 1956 年版，第 135 頁）便認為日本海軍的目的是護運陸軍。其實，這是一種訛傳。所謂「一船」，即西京丸，並未沉沒。當時日本第一軍尚未渡鴨綠江，也不會派 1,000 餘陸軍到大孤山登陸。
[408] 中國史學會主編：《中日戰爭》第一冊，新知識出版社 1956 年版，第 171 頁。
[409] 《中日黃海海戰紀略》，《海事》第八卷，第五期。

第五章　黃海海戰

僅僅過了3天,伊東祐亨的語氣就變了,北洋艦隊也由「退」升級為「逃」了。但是,他終究掩蓋不了日本聯合艦隊先「停止戰鬥」的事實。另外,據《日清戰爭實記》,日艦本隊「停止戰鬥」是在下午5點半,「先鋒隊來會」是在6點鐘,「各艦一齊前進,尾隨敵艦去路」是在7點鐘。[410] 如果北洋艦隊是敗逃的話,為什麼日艦要過一個半小時才去尾追呢?可見,伊東祐亨的話純屬自欺欺人之談。事實上,在黃海海戰中逃跑的不是北洋艦隊,而是日本聯合艦隊;而且日本聯合艦隊逃跑不是一次,而是兩次。[411] 由此可知,日本聯合艦隊是在北洋艦隊的打擊下,受創嚴重,已經氣衰力竭,無力再戰,不得已而逃走的,焉能漫誇勝利?僅就海戰的結局而言,日本聯合艦隊的進攻遭到了挫敗,而北洋艦隊的抵禦則取得了成功。

最後,從海戰中雙方所受的損失來看,北洋艦隊卻是大於日本聯合艦隊的。在這次海戰中,北洋艦隊損失了致遠、經遠、超勇、揚威4艦。[412] 其中超勇、揚威2艦,均為1,000噸級的舊式巡洋艦,是1980年代初下水的,艦中隔壁俱用木造,故中彈起火後殊難撲滅。這2艘艦防禦力薄弱,乃致命的弱點,使其無法發揮戰鬥的作用。所以,它們的沉沒,對北洋艦隊來說並不是很大的損失。致遠、經遠2艦,是北

---

[410] 中國史學會主編:《中日戰爭》第一冊,新知識出版社1956年版,第241頁。
[411] 參見本書第五章、第三節。
[412] 廣甲係逃跑後擱淺,次日被擊沉,並非海戰中沉沒的。

第四節　誰是海戰的勝利者

洋艦隊中最新的戰鬥艦,並且具有相當的戰鬥力。它們的沉沒,對北洋艦隊來說確實是嚴重的損失。但也應該看到,這次海戰對日本聯合艦隊的打擊也是相當沉重的。西京丸已經基本癱瘓,幾乎被生俘;赤城中彈累累,大檣、艦橋均毀,引起猛烈火災;比睿受傷嚴重,也幾乎被俘。此3艘日艦都是在海戰過程中逃跑的,這才僥倖免於沉沒。此外,日本旗艦松島損害特別嚴重,「艙面之物掃蕩無存」,「修理良非易易」,入塢後大修2個多月尚不能出塢,故伊東祐亨不得不「以八重山彌其闕」。[413] 其先鋒艦吉野「受傷尤劇」[414],艦體遭到「洞穿」[415]。浪速「彈入機艙」[416],「艙面盡毀,所傷匪輕」[417]。中日雙方對比下來,北洋艦隊的損失還是較重的。日本聯合艦隊雖然受創嚴重,但一艦未沉;而北洋艦隊不僅喪失了致遠、經遠等戰艦,還犧牲了像鄧世昌、林永升這樣優秀的海軍將領,這確實是不可彌補的損失。就此點而論,北洋艦隊是失利的。

因此,經過全面地考察之後,中日雙方在這次海戰中是各有得失的。僅僅從某一個方面來評論勝負,都是不恰當的。實際上,這是一次未決勝負的海戰。當時有人評論說:

---

[413] 中國史學會主編:《中日戰爭》第一冊,新知識出版社1956年版,第172頁。
[414] 中國史學會主編:《中日戰爭》第一冊,新知識出版社1956年版,第171頁。
[415] 川崎三郎:《日清戰史》第七編,東京博文館西元1897年版,第四章,第122頁。
[416] 中國史學會主編:《中日戰爭》第七冊,新知識出版社1956年版,第552頁。
[417] 川崎三郎:《日清戰史》第七編,東京博文館西元1897年版,第三章,第46頁。

第五章　黃海海戰

「鴨綠江之戰，中日未分勝負，想尚有戰事也。」[418] 這是符合實際情況的。經此一戰，雙方海軍的主力皆未遭到致命的打擊。日本方面只有本隊受打擊比較嚴重，而號稱「帝國精銳」的日本先鋒隊 4 艦則沒有受到多大打擊；北洋艦隊則此時尚擁有定遠、鎮遠、靖遠、來遠、濟遠、平遠、廣丙等戰鬥艦。雙方都仍然保持一定的戰鬥力。特別是定遠、鎮遠 2 艦，是日本聯合艦隊望而生畏的。所以，黃海海戰以後，日本海軍對北洋艦隊的戰鬥力還一直存有畏懼之心，再也不敢與之直接交鋒。裴利曼特說：「華艦自大東溝戰後，泊於旅順口者約兩禮拜。東兵過海而來，以貔子窩登陸，圖攻旅順。彼伊東者，不過逡巡策應，而於丁軍門之蹤跡，付諸淡忘，一若幸其不出，即已心滿意足也者。既占旅順，又任丁軍門穩渡威海，伊東與之相距，僅海程七十里（指海里——引者），不知圍亦不知攻也。」[419] 提出這一責難，是由於不了解伊東祐亨的苦衷。其實，伊東祐亨對北洋艦隊何嘗「付諸淡忘」，裴利曼特哪裡知道他的難言之隱！伊東祐亨是心中有數的：第一，整個黃海海戰的過程，特別是海戰的最後兩個回合，說明戰勝北洋艦隊良非易事；第二，如果兩軍再次決戰，則鹿死誰手，尚難預料。出於這樣的考慮，伊東祐亨只能採取靜守觀變的策略，以待日本陸軍的配合和幫助。

---

[418] 馬吉芬：《黃海海戰評述》，《海事》第十卷，第三期。
[419] 中國史學會主編：《中日戰爭》第七冊，新知識出版社 1956 年版，第 548 頁。

第四節　誰是海戰的勝利者

馬吉芬說得很對：「此時敵戰鬥力已不優於我軍，蓋可深信也。」[420] 正由於此，當時的制海權並未掌握在日本手中。黃海海戰之後，日本聯合艦隊為什麼不與北洋艦隊再次直接交鋒，反而要避開而行，繼續採取擾襲、牽制的戰術，也就不難理解了。

雖然黃海之戰是一次未決勝負的海戰，但它卻是一曲反對帝國主義侵略的戰鬥凱歌，在中國戰爭史上寫下了光輝的篇章。在這次海戰中，北洋艦隊眾多將士發揚了不屈不撓的精神，沉重地打擊了日軍的凶焰，粉碎了它「聚殲清艦於黃海中」的狂妄計畫。

---

[420] 馬吉芬：《黃海海戰評述》，《海事》第十卷，第三期。

第五章　黃海海戰

第五節　附論北洋艦隊陣形之得失

　　北洋艦隊所採用的陣形究竟正確與否，歷來是有爭論的。一種意見持完全否定的態度，認為這種陣形「起艦隊之紛亂」，「為最大失策」；[421]另一種意見則持完全肯定的態度，認為這種陣形「於攻勢有利」，「可謂宜得其當」。[422]其實，這兩種意見都是帶有片面性的。

　　恩格斯指出：「天才統帥的影響最多只限於使戰鬥的方式適合於新的武器和新的戰士。」[423]丁汝昌之所以要採用夾縫雁行陣，是與它的武器裝備情況有關的。當時軍艦上的重炮皆在艦首。據統計，北洋艦隊 10 艦共擁有重炮 26 門，其中除廣甲艦沒有重炮外，其餘 9 艦各備有 2 至 4 門重炮不等。日本聯合艦隊 12 艦共擁有重炮 17 門，其中有 5 艘沒有重炮，而在 7 艘有重炮的軍艦中，配備也極不均勻，松島、嚴島、橋立 3 艦才各有重炮 1 門，無法組成猛烈的排炮轟擊。因此，就艦首重炮來說，北洋艦隊是居於領先地位的。這就是丁汝昌為什麼要採用夾縫雁行陣的原因。海戰開始之前，丁汝昌

---

[421] 中國史學會主編：《中日戰爭》第六冊，新知識出版社 1956 年版，第 51、72 頁。
[422] 見《海事》第九卷，第十二期。按：丁汝昌下令改為夾縫雁行小隊陣，實則是以人字陣接敵的。
[423] 《馬克思恩格斯選集》第三卷，人民出版社 1972 年版，第 206 頁。

第五節　附論北洋艦隊陣形之得失

曾下達戰鬥命令，其中有一條是：「始終以艦首向敵，借得保持其位置而為基本戰術。」[424] 具體地說，就是發揚艦首重炮火力為主、兩舷輕炮火力為輔的戰術。毫無疑問，這一戰術是適合北洋艦隊的武器裝備情況的。有人認為，人字陣「限制了齊射火炮的數量」，「不能發揮北洋艦隊的全部火力」。[425] 這種看法顯然是不正確的。因為一個艦隊無論採用何種陣形，都不可能同時發揮「全部火力」。在海戰的實際過程中，總是要根據敵我相對位置的變化而發揮軍艦的部分火力，只是這「部分」有程度上的差別而已。事實上，雙方艦隻在實戰中不會總是保持互相垂直的位置，因此北洋艦隊「以艦首向敵」，既能最大限度地發揮艦首重炮的火力，也可在一定程度上發揮舷側輕炮的作用。丁汝昌在黃海海戰報告中曾提到：「定遠猛發右炮攻倭大隊，各船又發左炮攻倭尾隊三船。」[426] 這就是人字陣並不會限制舷側火力的最好證明。

對雁行陣持否定觀點的人，總認為北洋艦隊採用單行魚貫或者雙行魚貫可能是有利的。這種估計也是經不起考究的。第一，如果採用單行魚貫陣，雖然能夠全部發揮一舷輕炮的作用，但艦首重炮的火力則只能發揮一半，兩相權衡，顯然是不利的。而如果採用雙行魚貫陣，則發揮火力的程度又僅及單行魚貫陣的一半。何況雙方都採取縱陣，進行一舷

---

[424]《中日黃海海戰紀略》，《海事》第八卷，第五期。
[425] 郭湉：《黃海大戰中北洋艦隊的隊形是否正確》，《文史哲》1957 年第 10 期。
[426] 中國史學會主編：《中日戰爭》第三冊，新知識出版社 1956 年版，第 135 頁。

第五章　黃海海戰

對一舷的齊射，更會使北洋艦隊處於劣勢的地位。因為日本聯合艦隊是以舷側輕炮為主的，速射炮又為其所獨有。而北洋艦隊的舷側輕炮較少，只有日艦的一半。這樣的話，北洋艦隊豈不是勢必將火力優勢讓給敵人嗎？第二，從雙方艦隊的速度看，北洋艦隊採取縱陣也是極其不利的。眾所周知，北洋艦隊各艦比日本聯合艦隊陳舊，平均艦齡已達10年以上，實際航速大為降低。試看下表[427]：

艦名	原航速（節）	實際航速（節）
定遠	14.5	12.0
鎮遠	14.5	12.0
經遠	15.5	10.0
來遠	15.5	10.0
致遠	18.0	15.0
靖遠	18.0	14.0
濟遠	15.0	12.5
廣甲	14.5	10.5
超勇	15.0	6.0
揚威	15.0	6.0
平均數	15.6	10.8

而在日本方面，第一游擊隊4艦乃是其主要的進攻力量，在速度上占有極大的優勢。如下表所示：

---

[427] 表中的實際速度係根據《甲午中日戰爭紀要》的資料，下表同。

艦名	原航速（節）	實際航速（節）
吉野	22.5	22.5
高千穗	18.0	15.0
秋津洲	19.0	19.0
浪速	18.0	15.0
平均數	19.4	17.9

　　如果北洋艦隊採用縱陣，雙方必然要互作平行移動。這樣，在雙方航行速度幾乎相差1倍、而敵炮發射速度為北洋艦隊4倍的情況下，日艦的命中率必然高於北洋艦隊5倍以上。至於日艦本隊，雖然實際速度跟北洋艦隊相差不大，但其防禦能力卻比北洋艦隊來得強。北洋艦隊10艦中，只有定遠、鎮遠、經遠、來遠4艦有護甲；[428] 而日艦本隊8艦中，除赤城、西京丸以外，松島、千代田、嚴島、橋立、比睿、扶桑6船均有護甲。[429] 由此可知，北洋艦隊真要採用單行魚貫或者雙行魚貫陣的話，其艦身的受彈面積便會大幅增加，那黃海海戰的結局將不堪設想。其實，丁汝昌在決定採用雁行陣之前，並不是沒有考慮過採用單行或雙行魚貫陣。漢納根透露過，丁汝昌是經過反覆權衡才最後採用夾縫雁行小隊陣的。實際上，北洋艦隊的夾縫雁行小隊陣並未全部完成，

---

[428] 定遠、鎮遠的護甲為355公分厚，經遠、來遠的護甲為24公分厚。
[429] 松島、千代田、嚴島、橋立4艦的護甲均為305公分厚，扶桑的護甲為18公分厚，比睿的護甲為115公分厚。所謂護甲，是指在艦殼（5公分厚鋼板）外面又裝備上一層保護鐵甲。

第五章　黃海海戰

它是以燕翦陣（即人字陣）接敵的。認為單行魚貫陣或者雙行魚貫陣比人字陣有利的論點，是沒有根據的。海戰的實際過程，特別是其第一個回合，即充分證明了北洋艦隊採用的陣形是基本正確的。

曾有人評論說：「後翼梯陣[430]於攻勢有利。當艦隊進攻時，各艦前面均得開闊無限，且能保護旗艦；當敵艦接近或航過時，旗艦舷側炮火可保護後續艦，而後續艦一舷炮火又可保護其次之後續艦。」[431]這是說後翼梯陣有兩個優點：一是有利於進攻；一是有利於保護後續艦。這樣講，是有一定的道理的。試看海戰的第一個回合，日本聯合艦隊在北洋艦隊的衝擊下，被腰斬為兩截，先遭失利。裴利曼特說：「伊東則竟以全隊之腰向丁之頭，攔丁之路奇險實不可思議。」[432]這便是後翼梯陣有利於進攻的證明。再看海戰的前兩個回合，位置緊靠定遠和鎮遠的靖遠、來遠 2 艦，在激烈的炮戰中得保安全，這一方面是由於這 2 艦愛國將士的英勇善戰，另一方面也有賴於主力艦一舷炮火的保護作用。這又是後翼梯陣有利於保護後續艦的證明。可見，對北洋艦隊採用的陣形完全否定，是違背歷史事實的。

當然，北洋艦隊採用的陣形不僅不是完美無缺，還是有

---

[430]「後翼梯陣」，又稱「鷹揚雙翼陣」，是與「人字陣」相似的陣形。
[431]《海事》第九卷，第十二期。
[432] 中國史學會主編：《中日戰爭》第七冊，新知識出版社 1956 年版，第 549 頁。

第五節　附論北洋艦隊陣形之得失

著嚴重的缺點。這主要表現在兩個方面：第一，北洋艦隊的這種陣形未能始終保持攻勢。當海戰進入第二個回合後，北洋艦隊處於腹背受敵的情況下，便被迫由進攻轉入防禦。有人評論說，北洋艦隊「處於防禦形勢，以待敵之攻擊」[433]。還有，日方記載說：「清艦只能伴我艦之迴轉而迴轉。」[434] 皆指海戰的第二回合而言。在此回合中，北洋艦隊居於被動防禦的地位，遭到重大的損失。探究其原因，主要是丁汝昌在兵力的使用上片面地強調集中。例如，丁汝昌在黃海海戰報告中即稱：「昌屢次傳令，諄諄告誡，為倭人船炮皆快，我軍必須整隊攻擊，萬不可離，免被敵人所算」[435]。他在戰鬥前所下達的作戰命令，其中也有一條：「諸艦務於可能範圍之內，隨同旗艦運動之。」[436] 正由於北洋艦隊集中為單一的編隊，因此在敵艦的夾擊下陷入了被動的境地。北洋艦隊在進入海戰的第三個回合後，之所以能夠逐漸扭轉被動局面，主要是自動地將兵力分為兩支，誘使敵人將兵力分散，從而打破了其鉗形夾擊的攻勢。在這裡，令人感到不解的是，在兩軍相接之初，北洋艦隊對敵人行動的反應是很迅速的；而為什麼在海戰的第二個回合中處於如此不利的形勢之下，反而遲遲不作出反應呢？主要的原因是桅樓被毀，無法號令全

---

[433]《海事》第九卷，第十二期。
[434] 川崎三郎：《日清戰史》第七編，東京博文館西元 1897 年版，第三章，第 64 頁。
[435] 中國史學會主編：《中日戰爭》第三冊，新知識出版社 1956 年版，第 129 頁。
[436]《中日黃海海戰紀略》，《海事》第八卷，第五期。

第五章 黃海海戰

軍。否則，北洋艦隊是會及時採取相應的措施的。[437] 無論如何，北洋艦隊採取單一的編隊是有缺陷的。

第二，北洋艦隊的編隊跨度太大，致使定遠、鎮遠 2 艘主力艦的舷側炮火無法有效地保護兩翼陣腳諸艦。據裴利曼特說，北洋艦隊形成人字陣後，「艦首與艦首相距不過二鏈」[438]，即 370 公尺左右[439]。這樣，從定遠艦首到揚威艦首的距離，便達到 1,850 公尺了。而日本聯合艦隊所採取的戰術是：第一步，「左行繞攻我軍右翼」；第二步，「左右環裏而攻」[440] 兩翼陣腳。日艦第一游擊隊在進攻北洋艦隊兩翼時，總是保持相距 2,000 公尺左右的距離。於是，日艦與定遠、鎮遠 2 艦的距離恆在 3,000 公尺以外，定遠、鎮遠 2 艦的舷側炮火是難以發揮其保護作用的。這更說明了北洋艦隊採取單一的編隊是有嚴重缺陷的。

可以設想一下，如果北洋艦隊不是採取單一編隊，而是採取二重梯隊，或者五五編隊，或者六四編隊，那麼上述缺陷也許就可以避免了。因為這樣一來，陣形的跨度大大減

---

[437] 據北洋艦隊水手回憶，在戰鬥中曾隱約地看到定遠艦上打旗語，但在戰火彌漫中看不清，故未引起注意。
[438] 《黃海海戰評論》，《海事》第十卷，第一期。
[439] 鏈，英語 chain 的譯名，為英國長度單位，等於 22 碼，約合 20 公尺。「二鏈」即 40 公尺。艦首與艦首的距離，顯然不可能只有 40 公尺。因此，「鏈」字為「錨鏈」之誤。錨鏈，英語作 cable，為英國海程單位，等於 608 英尺，約合 185 公尺。二錨鏈，即 370 公尺。《冤海述聞》有「丁提督複令相距四百碼成犄角陣」之記載，「四百碼」合 366 公尺，二者基本上是一致的。
[440] 中國史學會主編：《中日戰爭》第一冊，新知識出版社 1956 年版，第 67 頁。

第五節　附論北洋艦隊陣形之得失

小，兩翼諸艦可以得到定遠、鎮遠 2 艦舷側炮火的強而有力的保護。同時，在海戰的第一個回合中，照樣可以取得攔腰衝散敵艦的效果。不僅如此，當敵艦繞攻側翼陣腳時，北洋艦隊之第二梯隊便可迂迴敵後，進行反包圍，使敵人處於腹背受敵的地位。若真如此，則海戰第二個回合的局面就會全然改觀，北洋艦隊不但不至於遭受那麼大的損失，反而會取得更大的戰果了。

總之，北洋艦隊採用的陣形基本上是正確的，但是又存在著嚴重的缺陷。

第五章　黃海海戰

第六章
北洋艦隊的覆沒與最後抗戰

第六章　北洋艦隊的覆沒與最後抗戰

第一節　威海海戰

黃海海戰後，日本政府進一步擴大侵略戰爭，一面派第一軍渡過鴨綠江，侵入遼寧腹地，一面派第二軍在花園口登陸，進而侵占金州。由於清軍守將不戰而逃，日本侵略軍於西元 1894 年 11 月 7 日不放一槍就占據了大連灣，又於 22 日占領了北洋艦隊基地之一的旅順口。不久，日軍進攻威海衛的戰爭便開始了。

日本侵略軍進攻威海衛，目的是消滅北洋艦隊。但是黃海海戰後，北洋艦隊尚擁有大小艦艇 40 餘艘，其中包括鐵甲艦定遠、鎮遠 2 艘，巡洋艦靖遠、來遠、濟遠、平遠、廣丙 5 艘，砲艦鎮東、鎮西、鎮南、鎮北、鎮中、鎮邊 6 艘，以及魚雷艇 13 艘，還具有一定的實力。特別是鎮遠、定遠 2 艦，其威力是日本海軍早就領教過的。「其體堅牢且壯宏，東洋巨擘名赫烜。」[441] 所以，當時日本海軍對北洋艦隊的戰鬥力仍存有戒懼之心，不敢再與之直接交鋒，「幸其不出，即心滿意足也者」[442]。此時，日本聯合艦隊由於松島、比睿、赤城、西京丸 4 艦傷勢嚴重，入塢修理，不得已重新編隊，將第一游擊隊併入本隊，分為兩個小隊：第一小隊，包括橋

---

[441] 土屋鳳洲：《觀鎮遠艦引》。
[442] 中國史學會主編：《中日戰爭》第七冊，新知識出版社 1956 年版，第 548 頁。

第一節　威海海戰

立、扶桑、浪速、吉野4艦；第二小隊，包括嚴島、千代田、高千穗、秋津洲4艦，以嚴島為預備旗艦。從這一編隊看，日本艦隊顯然因元氣未復，不敢貿然進攻，只好對北洋艦隊採取迴避的方針。這樣，日軍進攻威海的時間只得推遲了。

1894年10月18日，北洋艦隊在旅順船塢修理完畢，駛回威海。此時，如果趁日本松島等尚未修復之際，抓準時機，與日本艦隊再次決戰，勝敗雖然未卜，但起碼可以給予敵艦沉重的打擊，不致喪失制海權。但是，李鴻章對戰爭完全失掉信心，根本沒有決戰的膽略，妄想避戰保艦。他多次指示丁汝昌要「設法保船」[443]，說什麼鐵艦「能設法保全尤妙」[444]，「海軍現船僅五六隻可出海，未能大戰，致再損失」[445]。並嚴厲警告丁汝昌，要「緣岸擊賊」[446]，「有警時應率船出傍臺炮線內合擊，不得出大洋浪戰」[447]。實際上是要北洋艦隊深藏威海港內，把制海權拱手讓給日本。北洋艦隊深藏威海港內，就能保住船嗎？李鴻章認為有兩個把握：第一點，威海南北兩口都有鐵鏈木排封鎖，並遍布水雷[448]，形成了一道「水雷攔壩」。他說：「水雷攔壩得力，倭船必不

---

[443] 中國史學會主編：《中日戰爭》第四冊，新知識出版社1956年版，第320頁。
[444] 中國史學會主編：《中日戰爭》第四冊，新知識出版社1956年版，第317頁。
[445] 中國史學會主編：《中日戰爭》第四冊，新知識出版社1956年版，第311頁。
[446] 中國史學會主編：《中日戰爭》第四冊，新知識出版社1956年版，第320頁。
[447] 中國史學會主編：《中日戰爭》第四冊，新知識出版社1956年版，第302頁。
[448] 戚其章：《中日甲午威海之戰》，山東人民出版社1962年版，第35～36頁。

第六章　北洋艦隊的覆沒與最後抗戰

敢深入。」[449] 後來事實表明,「水雷攔壩」並不能使威海港口成為不可踰越的天塹。第二點,有兩位「挾奇技來投效」[450]的洋人來到威海,這就是自願投效中國的美國人晏汝德和浩威。李鴻章竟相信他們「包在洋面轟毀敵船二三隻」的謊言。[451] 其方法是,「用藥水裝管,鑲配船後,用機噴出,發煙使敵聞煙氣悶即退」,「如不能捉,即專毀沉」。[452] 事實終於揭穿了這個騙局。李鴻章把保船的希望寄託於虛無縹緲的幻想,便只能坐視機會溜走了。

當時,丁汝昌是積極主戰的,但受制於李鴻章的「保船」命令,無法有所作為。旅順口危急時,丁汝昌曾親至天津,請求率艦隊全力救援旅順,與日本艦隊決戰。為此,他反倒被李鴻章斥責了一頓:「汝善在威海守汝數只船勿失,餘非汝事也。」[453] 及至日本艦隊掩護其陸軍第二軍在榮成龍鬚島登岸時,清政府曾擬出一項作戰計畫:「聞敵人載兵皆為商船,而以兵船護之;若將定遠等船齊出衝擊,必可毀其多船,斷其退路,此亦救急之一策。著李鴻章速籌排程為要。」[454] 丁汝昌請求率艦迎擊,但又被李鴻章所阻止。當時即有人指出:「倭虜之在榮城〔成〕登岸也,丁軍門見其來勢洶洶,知

---

[449] 中國史學會主編:《中日戰爭》第四冊,新知識出版社 1956 年版,第 320 頁。
[450] 中國史學會主編:《中日戰爭》第三冊,新知識出版社 1956 年版,第 259 頁。
[451] 中國史學會主編:《中日戰爭》第四冊,新知識出版社 1956 年版,第 308 頁。
[452] 中國史學會主編:《中日戰爭》第三冊,新知識出版社 1956 年版,第 269 頁。
[453] 中國史學會主編:《中日戰爭》第一冊,新知識出版社 1956 年版,第 69 頁。
[454] 中國史學會主編:《中日戰爭》第三冊,新知識出版社 1956 年版,第 340 頁。

第一節　威海海戰

必有進犯威海之意,與其安坐待圍攻,曷若潛師而起,迎頭痛擊(北洋某大憲)乃謹慎太過,流於畏怯,既無大臣任事之勇,又無相機決戰之謀,唯復以不許出戰,不得輕離威海一步,並有如違令出戰,雖勝亦罪之語。」[455] 在這種情況下,丁汝昌並未因此而鬆懈鬥志。當清政府正透過美國向日本試探求和條件的時候,丁汝昌對日本侵略者的野心始終有所警惕,他認為「鋌而走險是其慣習,宜更防其回撲我境」[456],並提出了「及時紓力增備」[457] 的正確主張。丁汝昌敢對他的頂頭上司唱反調,以抵制其錯誤方針,這在當時確實是難能可貴的。

由於李鴻章的錯誤決策,北洋艦隊未能伺機與日本艦隊決戰,致使日本海軍能夠很快地恢復陣線。不久,日本的松島、比睿等艦便修好歸隊了。當時,日本正處於重重困難之中,「內外形勢,早已不許繼續交戰」[458],急於締造和約。為了迫使清政府在更加苛刻的條件下接受和約,日本政府決定進攻威海衛,以圍殲北洋艦隊。但是,日本軍事當局知道從正面攻占威海是極端困難的,於是又施展其包抄後路的慣用伎倆。西元1895年1月20日,日本陸軍第二軍在20餘艘

---

[455]《時事新編》初集,第四卷。
[456] 丁汝昌:《致戴孝侯書》四。
[457] 丁汝昌:《致戴孝侯書》五。
[458] 日本外交大臣陸奧宗光語。參見戚其章:《中日甲午威海之戰》,山東人民出版社1962年版,第49頁。

第六章　北洋艦隊的覆沒與最後抗戰

軍艦和 10 餘艘魚雷艇的掩護下，開始在榮成龍鬚島登陸。30 日，日軍便對威海南幫炮臺發起了進攻。

與此同時，日本海軍也對劉公島、日島及威海港內的北洋艦隊發動了進攻。日本聯合艦隊將戰艦分為 5 隊：松島（旗艦）、千代田、橋立、嚴島 4 艦為本隊；吉野、高千穗、秋津洲、浪速 4 艦為第一游擊隊；扶桑、比睿、金剛、高雄 4 艦為第二游擊隊；大和、武藏、天龍、海門、葛城 5 艦為第三游擊隊；築紫、愛宕、摩耶、大島、鳥海 5 艦為第四游擊隊。另有魚雷艇 3 艇隊：第一艇隊 6 艘；第二艇隊 6 艘；第三艇隊 4 艘。

進攻前，日本聯合艦隊司令伊東祐亨下達了如下命令：第一，陸軍第二軍攻擊南幫炮臺時，第三、第四游擊隊專力炮擊南幫炮臺、劉公島東泓炮臺和日島炮臺，以進行支援。如果北洋艦隊出動，則乘機誘出港外，主戰艦隊之本隊及第一、第二游擊隊從作戰不利的位置退卻，在威海港外海面上進行調動，準備與之作戰。第二，當北洋艦隊出港後，以第三、第四游擊隊組成陸戰隊，乘機攻占劉公島。第三，第一、第二魚雷艇隊與主戰艦隊共同行動；如果北洋艦隊出戰，則乘機襲擊。第三魚雷艇隊停泊於南幫炮臺附近海面，夜間則破壞攔壩，向港內突進；白天則乘機攻擊。[459] 在日

---

[459] 日本海軍軍令部：《二十七八年海戰史》下卷，第十章，第 85 頁。

第一節　威海海戰

本侵略軍海陸夾攻的情況下，丁汝昌親登靖遠艦[460]，率鎮南、鎮西、鎮北、鎮邊諸艦支援南幫炮臺守軍，並命令其他各艦與劉公島、日島炮臺互相配合，專力守禦威海南北兩海口，以防止日本海軍的突襲。威海南幫炮臺守軍在北洋艦隊的支援下，有力地打擊了瘋狂進犯的敵軍。因為日本陸軍首先進攻的是南岸後路炮臺摩天嶺炮臺，丁汝昌便發射排炮，給以強而有力的支援。在北洋艦隊的猛烈轟擊下，日軍左翼隊司令官陸軍少將大寺安純中炮斃命。同時，皂埠嘴炮臺也擊沉日艦一艘。[461]當日軍在付出重大代價後攻上皂埠嘴炮臺時，丁汝昌決心不使臺上的重炮被敵軍利用，便命令魚雷艇載敢死隊炸臺毀炮，致使「炮臺突然坍塌，臺上日兵飛入空中」[462]。最後，南岸守軍僅剩七八百人，被日軍包圍於南幫炮臺西側的楊家灘一帶。恰在此時，丁汝昌又率諸艦駛近海岸救援，出敵不意突放排炮，敵軍死傷慘重，倉皇後退。南岸守軍餘部趁機從楊家灘海套脫圈而出，使日軍全殲南岸守軍的計畫歸於落空。

在 1 月 30 日的海戰中，日本海軍不但沒有得到什麼好處，反而遭到一些損失，無奈何只得改為圍困的辦法。伊東

---

[460] 因定遠艦噸位太大，吃水深，在威海港內無法駛近海岸，故以靖遠艦為臨時旗艦。

[461] 戚其章：《中日甲午威海之戰》，山東人民出版社 1962 年版，第 66 頁。按：清方記載有「打沉趙北嘴（皂埠嘴）南沙灘戰船一隻」（中國史學會主編：《中日戰爭》第三冊，新知識出版社 1956 年版，第 361 頁）之語，雖未注明戰艦名稱，但與調查史料是一致的。

[462] 中國史學會主編：《中日戰爭》第一冊，新知識出版社 1956 年版，第 189 頁。

第六章　北洋艦隊的覆沒與最後抗戰

祐亨下令：(一)本隊及第二游擊隊在雞鳴島外作單縱陣，各艦相隔約 2 海里，南北以 30 海里劃線作旋迴移動；(二)第二游擊隊在威海北口約 20 海里處劃線作單縱陣，各艦約以 2 海里距離作左旋回歸移動；(三)第三、第四游擊隊在雞鳴島附近停泊或回榮成灣，作為後備隊。[463] 這樣，海戰便暫時停息。這是威海海戰的第一次戰鬥。

此後 3 天中，日本聯合艦隊因天氣不好，再未發動進攻。日方記載：「三十一日午後，風雪大作，海浪高起，寒威亦甚，炮門往往結冰不能使用，艦隊不得已退到榮成灣一帶，只留第三游擊隊守住港口。」[464] 但是，南幫炮臺既為日軍占領，敵人遂以龍廟嘴、鹿角嘴 2 炮臺轟擊港內的北洋艦隊。廣丙艦大副黃祖蓮「中炮陣亡」[465]。丁汝昌為解除敵軍海陸夾攻的威脅，於 1 月 31 日派來遠、濟遠 2 艦猛轟鹿角嘴和龍廟嘴，將這 2 座炮臺共 8 門大砲全部摧毀。[466] 同時，丁汝昌知道北幫炮臺必失無疑，於 2 月 1 日親往威海北岸布置炸毀北山嘴、黃泥溝、祭祀臺 3 座海岸炮臺，以防為敵所用。次日，丁汝昌又派魚雷艇焚毀威海北岸的渡船。這些措施，無疑都是必要的。

---

[463] 日本海軍軍令部：《二十七八年海戰史》下卷，第十章，第 85 頁。
[464] 中國史學會主編：《中日戰爭》第一冊，新知識出版社 1956 年版，第 271 頁。
[465] 中國史學會主編：《中日戰爭》第一冊，新知識出版社 1956 年版，第 116 頁。
[466] 易順鼎：《盾墨拾餘》第五卷，謂二臺大炮「未得盡轟」，這是不正確的。參見戚其章：《中日甲午威海之戰》，山東人民出版社 1962 年版，第 88 頁。

第一節　威海海戰

2月2日，風煞雪停，天氣轉晴。當天，日本陸軍第二師團第四混成旅團從西門進入威海衛城，並分隊進占北幫炮臺。威海陸地遂全被敵軍占領。北洋艦隊失去後防，只有劉公島、日島二島尚可依恃。於是，伊東祐亨下令於2月3日發起第二次海上進攻，企圖一舉殲滅北洋艦隊。

日本聯合艦隊的部署是：由第一游擊隊警戒威海北口；第二、第三、第四游擊隊轟擊劉公島及日島炮臺；本隊在威海港外策應。這時，日軍已將皂埠嘴炮臺的一門28公分口徑大砲修復，與海軍配合，夾擊港內的北洋艦隊。「是時，威海衛港附近各地均為日軍占領，北洋艦隊所恃唯劉公島、日島諸島，港外則有優勢的日本艦隊封鎖，北洋艦隊實已陷入重圍之中，而丁汝昌以下毫無屈色，努力防戰。」[467] 雙方炮戰異常激烈，「巨彈交迸，墜入海中，猛響如百雷齊發，飛沫高及數丈」[468]。戰至下午1點鐘時，日艦築紫被砲彈擊中，「左舷穿透中甲板」，「艦體損壞」。[469] 下午2點半，日艦葛城亦中炮受傷。因此，儘管敵軍的攻勢很猛，但由於北洋艦隊和劉公島、日島守軍的英勇抗擊，雙方炮戰終日，日艦始終不敢靠近威海港口，最後不得已而退走。威海海戰的第二次戰鬥就這樣結束了。

---

[467] 日本海軍軍令部：《二十七八年海戰史》下卷，第十一章，第199頁。
[468] 中國史學會主編：《中日戰爭》第一冊，新知識出版社1956年版，第271頁。
[469] 日本海軍軍令部：《二十七八年海戰史》下卷，第十章，第85頁。

第六章　北洋艦隊的覆沒與最後抗戰

　　日軍的第二次進攻被擊退後，伊東祐亨知道從正面進攻劉公島、日島及港內的北洋艦隊，是不會有多大效果的，於是決定採用魚雷艇偷襲的辦法。2月3日夜間，伊東祐亨派魚雷艇切斷靠近龍廟嘴的攔壩一段。次日，日島炮臺守軍發現這一情況，當即向丁汝昌作了報告。丁汝昌認為敵人此舉絕非偶然，必是其魚雷艇準備偷襲，因此戒備益嚴。但是，水雷攔壩已被破壞一段，敵魚雷艇能夠隨意出入，且港灣水面寬闊，敵人要是選擇有利時機偷襲，是防不勝防的。

　　果然，2月5日晨，日本魚雷艇便從攔壩缺口入港進行偷襲。入港偷襲的日本魚雷艇有2個艇隊：第二艇隊，由21號（司令艇）、8號、9號、14號、19號、18號6艇組成；第三艇隊，由22號（司令艇）、5號、6號、10號4艇組成。敵軍的計畫是：以第三艇隊為先鋒隊，先吸引北洋艦隊的注意力，以掩護第二艇隊偷襲；第二艇隊為突襲隊，利用夜幕可以隱蔽的條件，沿威海海岸北行，潛至北洋艦隊數百公尺處，伺機放雷。夜裡3點半，月落天暗，日本第三艇隊先駛至北洋艦隊正面，由22號艇連續施放魚雷2尾。北洋艦隊各艦急相警惕，開炮鳴警。敵22號艇急忙轉頭南逃，誤觸暗礁，艇遂傾覆，艇上多人溺水。

　　當時，北洋艦隊7艘戰艦正停泊在劉公島西南海面上，按東西排列擺成蝦鬚陣。旗艦定遠的位置適在鐵碼頭西側，丁汝昌正在艦上與諸將徹夜商討。當發現敵魚雷艇偷襲時，

第一節　威海海戰

丁汝昌與管帶劉步蟾等急登甲板，以觀察敵艇行動。這時，各艦炮火齊鳴，但一物未見。為了發現敵艦所在，丁汝昌乃下令停止炮擊。及至硝煙消散，始發現艦左舷正面約半海里海面上，似有黑影。凝睛細察，無疑為日本魚雷艇，數共 2 艘。其中一艘後來查明為敵第二艇隊的第 9 號艇，已靠近定遠艦 300 公尺處，並正將艇身向左方迴旋，似要施放魚雷。定遠艦急瞄準發炮，一炮命中，敵艇爆炸破裂。不料幾秒鐘後，定遠艦底轟隆一聲巨響，艦身隨之劇烈震動，海水突然從升降口噴出。劉步蟾急令砍斷錨鏈，向南航行。定遠繞過鐵碼頭後，又駛至劉公島東南海岸淺灘處擱淺。這樣，才使定遠艦沒有沉沒，並得「作水炮臺」[470]用，以繼續發揮保衛劉公島和港內諸艦的作用。此後，丁汝昌便將督旗移至鎮遠艦。

5 日天明後，伊東祐亨獲悉定遠中魚雷，以為機會難得，下令對威海港發動第三次進攻。日本聯合艦隊本隊及第一、第二、第三、第四游擊隊共 22 艘戰艦，環繞於威海南北兩口之外，進行猛烈炮擊。北洋艦隊與劉公島、日島各炮臺英勇抵禦。炮戰很久，雙方「互有傷亡」[471]。日艦始終難接近威海南北兩口，只好停止進攻，退向遠海。

2 月 6 日晨 4 時，日本魚雷艇使用故技，由第一艇隊小

---

[470] 中國史學會主編：《中日戰爭》第三冊，新知識出版社 1956 年版，第 413 頁。
[471] 中國史學會主編：《中日戰爭》第一冊，新知識出版社 1956 年版，第 116 頁。

第六章 北洋艦隊的覆沒與最後抗戰

鷹、第23號（司令艇）、第13號、第11號、第7號5艇再次進港偷襲。當時，來遠艦位於北洋艦隊蝦鬚陣左翼的最東端，首先中魚雷，艦身傾覆，艦底露出。另有訓練艦威遠和差船寶筏也都中魚雷，在鐵碼頭附近沉沒。

當天下午，日本聯合艦隊又對威海港發動第四次進攻。此次進攻時，日本陸軍預先在北岸三炮臺架設快炮，與其艦隊配合，夾擊劉公島及港內的北洋艦隊。北洋艦隊此時已有4艦中雷，特別是其中定遠、來遠2艦，或擱淺或沉沒，確實損失嚴重，但北洋艦隊面對優勢敵人的強大攻勢，仍然英勇抵禦。丁汝昌一面命靖遠、濟遠、平遠、廣丙4艦與黃島炮臺配合，向北岸回擊；一面命其餘各艦與劉公島、日島各炮臺配合封鎖威海南北兩口。雙方炮轟交戰許久。最後，敵艦隊終被擊退。

2月7日晨7時半，伊東祐亨又下令對威海港發動了第五次進攻。這是一次總攻擊令。伊東祐亨決心一舉攻下劉公島，以全殲北洋艦隊。日本旗艦松島在前，以5,000公尺的距離首先向劉公島最東端的東泓炮臺開始炮擊。北洋艦隊和劉公島、日島各炮臺堅決抵禦。開戰不久，松島即被「擊中前艦橋，打穿煙突」[472]。戰至8點20分，其橋立、嚴島、秋津洲、浪速4艦也先後受傷。不料正在這有利的時機，卻發生了北洋艦隊魚雷艇逃跑事件。

---

[472] 日本海軍軍令部：《二十七八年海戰史》下卷，第十章，第92頁。

第一節　威海海戰

原來，魚雷艇管帶兼左一管帶王平與福龍管帶蔡廷幹等人，早就密謀逃跑。2月7日上午8點半，日艦已有多艘受傷，攻擊力大大減弱。正在這時，魚雷艇福龍、左一、左二、左三、右一、右二、右三、定一、定二、鎮一、鎮二、中甲、中乙共13艘，以及飛霆、利順2船，不但不趁此機會襲敵，反而從北口逃跑。這一情況的出現，使日本艦隊感到突然。伊東祐亨開始認為，北洋艦隊擬進行最後決戰，先放出魚雷艇擾亂日本艦隊，以便乘虛突進，於是下令各艦防衛。但是，不久後發現，這些魚雷艇從威海北口出來後，竟沿岸向西遁逃。伊東祐亨便命令速度最快的第一游擊隊從後追擊。結果這些魚雷艇不是被擊沉，就是被俘獲，只有王平乘坐的「左一」號僥倖地逃到了煙臺。魚雷艇的逃跑完全打亂了北洋艦隊的防禦部署，更助長了敵人的氣焰。日艦本隊及4個游擊隊輪番炮擊。不久，日島炮臺的2門20公分口徑的大砲均被擊毀，火藥庫也中彈起火，炮臺上的守兵只好撤到劉公島。

此時，威海港內僅有鎮遠、靖遠、濟遠、平遠、廣丙5艘戰艦，鎮東、鎮西、鎮南、鎮北、鎮中、鎮邊6艘砲艦，以及訓練艦康濟，共12艘艦。形勢愈益危急。但是，丁汝昌指揮諸艦與劉公島各炮臺配合，仍然奮勇抵抗，絕不後退。炮戰中，又將日艦扶桑擊中，殺傷多人。伊東祐亨見硬攻難以取勝，反而被傷多艦，只得下令停止攻擊。

第六章　北洋艦隊的覆沒與最後抗戰

　　總之，從 1 月 30 日到 2 月 7 日的 9 天間，日本侵略軍接連 5 次發動進攻，都被擊退。如果不是缺乏陸援和內部叛變，日本要消滅北洋艦隊並不是那麼容易的。

第二節　孤島悲劇

　　日本侵略軍企圖消滅北洋艦隊，以迫使清政府在最屈辱的條件下求和，是準備了兩手的：一手是用兵力戰勝；一手是用書信誘降。可是，它5次全力進攻都被擊退，第一手沒有奏效。那麼，它的第二手又如何呢？

　　早在日軍登陸龍鬚島之前，伊東祐亨即策劃對丁汝昌進行誘降。先是，伊東祐亨派其參謀長海軍大佐鮫島員規到金州，向日本第二軍司令官陸軍大將大山岩提出誘降丁汝昌的計畫。西元1894年12月10日，伊東祐亨又親自往訪大山岩，商談誘降的具體方法。西元1895年1月19日，即日軍登陸龍鬚島的前一天，大山岩派軍司令部參謀步兵少佐神尾光臣等，攜帶勸降書到松島艦交給伊東祐亨。這份勸降書是根據大山岩的授意起草，由伊東祐亨署名的。勸降書炮製出來後，一時無法遞交。直到1月25日，伊東祐亨才委託英國遠東艦隊司令裴利曼特轉交給了丁汝昌。

　　伊東祐亨為什麼要對丁汝昌進行誘降呢？沒有別的，是因為他覺得丁汝昌有接受勸降的可能性。首先，伊東祐亨自認為丁汝昌跟他有「私交」，並且一貫對中日兩國關係抱持重態度。西元1886年7月間，丁汝昌率定遠、鎮遠、濟遠、威遠4艦操巡至海參崴（符拉迪沃斯托克）回航，折赴長崎進

第六章　北洋艦隊的覆沒與最後抗戰

塢修理。因北洋艦隊水手與日本警察發生口角，相互挑釁，因而發生殺傷中國水手多人的事件。當時總教習瑯威理「力請即日宣戰」[473]，丁汝昌不同意這種輕率做法，堅持按法律程序解決，避免了兩國間的一次武裝衝突。1891年6月，日本邀請北洋艦隊到日本進行訪問。毫無疑問，其目的是觀察北洋艦隊的實力。當時，李鴻章派丁汝昌率定遠、鎮遠、致遠、靖遠、經遠、來遠6艘主力戰艦到日本東京，含有表示友好和制止日本擴張野心的雙重意思。丁汝昌在贈日本友人的一首七律中寫道：「同車合書防外侮，敢誇砥柱作中流。」[474]便委婉地規勸日本當局不應覬覦中國。但是，伊東祐亨卻把丁汝昌的持重態度視為害怕日本。其次，伊東祐亨以為用個人的恩怨得失可誘使丁汝昌背叛祖國。丁汝昌當時的處境確實是很困難的，各方面的責難紛至遝來，後竟被朝廷遞職，又要逮京問罪。丁汝昌在一封信中便透露了自己進退維穀的艱難處境和憤慨心情，他說：「汝昌以負罪至重之身，提戰餘單疲之艦，責備叢集，計非浪戰輕生不足以贖罪。自顧衰朽，豈惜此軀？唯目前軍情有頃刻之變，言官逞論列曲直如一，身際艱危尤多莫測。迨事吃緊，不出要擊，固罪；既出，而防或有危不足回顧，尤罪。若自為圖，使非要擊，依舊蒙羞。利鈍成敗之機，當時亦不暇過計也。」[475]對丁汝昌當時

---

[473] 池仲祐：《海軍大事記》。
[474] 宮島粟香：《弔丁禹廷提督》注。
[475] 丁汝昌：《致戴孝侯書》一。

第二節 孤島悲劇

的這種處境,伊東祐亨當然是了解的。他之所以決定要對丁汝昌進行誘降,其原因就在於此。

伊東祐亨在勸降書中,先是大談其「友誼」:「時局之變,僕與閣下從事於疆場,抑何不幸之甚耶?然今日之事,國事也,非私仇也,則僕與閣下友誼之溫,今猶如昨。」「僕之斯書,詢發於友誼之至誠。」[476] 繼則謂清政府「不諳通變」而致敗,「固非君相一己之罪」,對丁汝昌的處境表示同情,並勸其不值得為之而死戰到底,而應待諸將來。最後,指出投降僅是權宜之計:「夫大廈之將傾,固非一木所能支。苟見勢不可為,時不云利,即以全軍船艦權降與敵,而以國家興廢之端觀之,誠以些些小節,何足掛懷。僕於是乎指誓天日,敢請閣下暫遊日本。切願閣下蓄餘力,以待他日貴國中興之候,宣勞政績,以報國恩。」[477] 這封信極盡勸誘之能事,伊東祐亨自以為足以打動丁汝昌。但是,他的估計完全錯了。丁汝昌接書信後,說:「予決不棄報國大義,今唯一死以盡臣職。」[478] 堅決地拒絕了敵人的誘降,並將此書上交李鴻章,以表示自己的抗敵決心。日本方面的第一次誘降失敗了。但是,伊東祐亨並不就此死心,仍然幻想有一線希望,於是等待時機繼續進行誘降。2月3日,威海衛城及南北兩岸炮臺

---

[476] 中國史學會主編:《中日戰爭》第一冊,新知識出版社 1956 年版,第 195、197 頁。

[477] 中國史學會主編:《中日戰爭》第一冊,新知識出版社 1956 年版,第 195〜197 頁。

[478] 日本海軍軍令部:《二十七八年海戰史》下卷,第十一章,第一節。

第六章　北洋艦隊的覆沒與最後抗戰

全部被日軍占領，劉公島成為一個孤島，北洋艦隊已陷入重圍之中，局勢愈益險惡。伊東祐亨以為誘降的機會又來到了。2月4日，日軍停止了對威海港的進攻。而恰在這時，裴利曼特再次要求進港會見丁汝昌。得到允許後，裴利曼特乘坐英國統領差船「拉格兒」號由鎮北艦領進港內。但是，裴利曼特第二次做說客，也同樣遭到了拒絕。

事實上，丁汝昌早就抱定了誓死戰鬥的決心。豐島海戰後，他即對其家人說：「吾身已許國！」[479]北洋艦隊退守威海後，丁汝昌將海軍文卷全部妥送煙臺[480]，以防萬一，並對李鴻章表示：「唯有船沒人盡而已。」[481]即使在清政府下令「拿交刑部治罪」的情況下，丁汝昌以民族大局為重，不計較個人的恩怨得失，仍然「表率水軍，聯絡旱營，布置威海水陸一切」[482]，「總期合防同心，一力固守」[483]，因而贏得了海陸兩軍廣大將士的信賴。

日本侵略軍頭目大山岩和伊東祐亨看到硬攻攻不下，誘降又不成，便決定採取長期圍困的辦法，以消耗北洋艦隊的力量，促使其內部發生變化。此後，日軍每天海陸兩路輪番轟擊劉公島和港內的北洋艦隊。

---

[479] 施從濱：《丁君旭山墓表》。
[480] 中國史學會主編：《中日戰爭》第三冊，新知識出版社1956年版，第440頁。
[481] 中國史學會主編：《中日戰爭》第四冊，新知識出版社1956年版，第316頁。
[482] 中國史學會主編：《中日戰爭》第三冊，新知識出版社1956年版，第267頁。
[483] 丁汝昌：《致戴孝侯書》三。

第二節 孤島悲劇

2月8日天明後，日軍即開始炮擊劉公島及港內北洋艦隊。劉公島上的水師學堂、機器廠、煤廠及民房均遭毀傷。此時，港內北洋艦隊的戰艦僅餘鎮遠、靖遠、濟遠、平遠、廣丙5艘，雖竭力還擊，終究寡不敵眾。炮戰中，靖遠艦中彈甚多，「傷亡四十餘人」[484]。丁汝昌感到情況危急，單憑劉公島一座孤島勢難久守，當時唯一的希望是陸路有援軍開來。他相信，只要陸上援軍來到，水陸夾擊，則劉公島之圍立即可解。因此，他派了一名可靠的水手懷密信游泳到威海北岸，潛去煙臺向登萊青道劉含芳求援。

在這危急的時刻，北洋艦隊中一部分洋員卻在劉公島上的俱樂部裡開會。他們認為：「圖謀恢復已不可能，乃派人向丁汝昌說知。」[485] 所派的人就是原定遠副管駕英國人泰萊和陸軍教習德人瑞乃爾。當事人泰萊回憶此事經過說：「瑞乃爾與余以夜二時往見提督，說明現在之境地，並勸其可戰則戰，若兵士不願戰，則納降實為適當之步驟。」[486] 他們還以「保全兵民」為名，把話說得非常娓娓動聽：「事勢至此，徒多殺生靈，無益也，請以船械讓敵，兵民尚可保全。」[487] 這次勸降雖由泰萊、瑞乃爾二人出面，背後策劃的則為總教習英國人馬格祿和美人浩威。另外，北洋海軍威海營務處提調

---

[484] 中國史學會主編：《中日戰爭》第一冊，新知識出版社1956年版，第117頁。
[485] 日本海軍軍令部：《二十七八年海戰史》下卷，第十一章，第一節。
[486] 中國史學會主編：《中日戰爭》第六冊，新知識出版社1956年版，第66頁。
[487] 中國史學會主編：《中日戰爭》第六冊，新知識出版社1956年版，第78頁。

第六章　北洋艦隊的覆沒與最後抗戰

道員牛昶昞，也參加了洋員們的策降活動，並「與之商量辦法」[488]。但是，丁汝昌堅持民族立場，絕不動搖。他嚴詞拒絕泰萊等的勸降，說：「我知事必出此。然我必先死，斷不能坐睹此事！」[489] 他還向全軍將士釋出命令：「援兵將至，固守待命！」[490]

北洋艦隊「苦戰無援」[491]，處境越來越困難。2月9日天明後，日軍又發動第六次進攻。其大小艦艇40餘艘全部開到威海南口外海面上排列，以戰艦在前開炮，勢將衝入南口。同時，又用南北兩岸炮臺夾擊。「北岸皆子母彈，紛如雨下；南岸皆大砲開花子、鋼子」，「島艦共傷亡一百餘人」[492]。丁汝昌親登靖遠艦駛近南口，與敵拚戰。劉公島諸炮臺也始終「欣然發炮」[493]。在激烈的交戰中，黃島炮臺「擊毀鹿角嘴倭大砲一尊，劉公島炮臺擊傷倭兩艦」[494]。戰至近中午時，靖遠艦被皂埠嘴28公分口徑大砲擊中，「弁勇中彈者血肉橫飛入海」[495]，丁汝昌和管帶副將葉祖珪僅以身免。靖遠艦中炮擱淺，使北洋艦隊的力量更為削弱。

2月10日晨4時，忽降大雪。日本魚雷艇4艘乘雪偷

---

[488] 中國史學會主編：《中日戰爭》第六冊，新知識出版社1956年版，第66頁。
[489] 中國史學會主編：《中日戰爭》第一冊，新知識出版社1956年版，第71頁。
[490] 日本海軍軍令部：《二十七八年海戰史》下卷，第十一章，第一節。
[491] 中國史學會主編：《中日戰爭》第四冊，新知識出版社1956年版，第322頁。
[492] 中國史學會主編：《中日戰爭》第一冊，新知識出版社1956年版，第117頁。
[493] 中國史學會主編：《中日戰爭》第六冊，新知識出版社1956年版，第66頁。
[494] 中國史學會主編：《中日戰爭》第一冊，新知識出版社1956年版，第117頁。
[495] 中國史學會主編：《中日戰爭》第一冊，新知識出版社1956年版，第117頁。

第二節　孤島悲劇

進威海北口，被北洋艦隊發覺，用小炮擊退。到上午 8 點鐘，南北兩岸又開始炮擊劉公島和港內的北洋艦隊。這是日軍的第七次進攻。雙方炮戰持續了 3 個多小時。這時，威海港內僅存戰艦鎮遠、濟遠、平遠、廣丙 4 艘，砲艦鎮東、鎮西、鎮南、鎮北、鎮中、鎮邊 6 艘，訓練艦康濟 1 艘，共 11 艘，「藥彈將罄」[496]，而且「糧食亦缺乏」[497]。雖然陸上援軍不來，勢難久守，但只要同心協力拚戰，北洋艦隊還不至於幾天內就全軍覆沒。問題是北洋艦隊內部的叛變活動日益猖獗。馬格祿等洋員與牛昶昞「已密有成議，將仍以眾劫汝昌」[498]。這天，他們一夥煽動一些士兵起來鬧事，「擁護軍統領張文宣到旗艦鎮遠」[499]，企圖以此來達到迫降的目的。牛昶昞佯為不知內情，隨後趕來，向丁汝昌提議召洋員議事。瑞乃爾對丁汝昌說：「兵心已變，勢不可為！」牛昶昞也隨聲附和道：「眾心離叛，不可復用！」丁汝昌怒斥道：「汝等欲奪汝昌，即速殺之！吾豈吝惜一身？」[500] 揭穿了他們一夥的險惡用心。當時，丁汝昌雖然仍存有陸援可至的一線希望，但也看出他們一夥並不會就此罷休。因此，他於當天

---

[496] 中國史學會主編：《中日戰爭》第一冊，新知識出版社 1956 年版，第 71 頁。
[497] 中國史學會主編：《中日戰爭》第一冊，新知識出版社 1956 年版，第 272 頁。
[498] 中國史學會主編：《中日戰爭》第一冊，新知識出版社 1956 年版，第 71 頁。
[499] 日本海軍軍令部：《二十七八年海戰史》下卷，第十一章，第一節。按：姚錫光《東方兵事紀略》則稱：「擁護軍統領張文宣至汝昌所。」一般都把「所」理解為「住宅」，是不正確的。此「所」字，應為「處所」之「所」，指當時丁汝昌所在的旗艦鎮遠。
[500] 日本海軍軍令部：《二十七八年海戰史》下卷，第十一章，第一節。

第六章　北洋艦隊的覆沒與最後抗戰

下午派廣丙艦用魚雷炸沉了擱淺的靖遠，以防日後被敵方占據。同時，劉步蟾也用炸藥炸沉了擱淺的定遠。這天夜裡，劉步蟾毅然自殺，實踐了自己「苟喪艦，將自裁」的誓言。[501]

2月11日晨3點半，日本魚雷艇又乘風雪偷進南北兩口，仍被北洋艦隊發現，用小炮擊退。天亮後，日本各艦與南北兩岸又進行水陸夾擊，炮火更為猛烈。上午10點前後，日本軍艦10餘艘發動第八次進攻，猛衝威海南口，劉公島東泓炮臺傷其兩艦，日艦開始撤退。但是，南岸的日軍大砲仍然猛轟不已。到下午1點多鐘，東泓炮臺2門24公分口徑大砲均被炮火擊毀，守軍傷亡殆盡。當天晚上，丁汝昌接到先前所派水手的回報，始知魚雷艇管帶王平逃到煙臺後，捏報劉公島已失，陸援已告絕望。《甲午戰事記》記載：「先是山東巡撫李秉衡方在煙臺守禦，聞威海急，欲截留南省勤王兵改防威海，電諮總署奏陳。值新年休假期內，七日始得旨允如所請，然而稽延多日，各營已由煙臺趨北矣。又以逃艇捏報登萊青道劉含芳，云威海已陷，劉含芳據以轉告李秉衡，於是山東趨防之兵遂以徑退萊州。威海艦猶日盼救兵，冀得搶復龍廟、皂埠炮臺，收拾餘燼，與日軍再決死戰。以煙威道梗不可通，丁汝昌繕函裹蠟，僱人懷之，游泳登岸，假行乞以達。猶告眾以援兵不日可到，當水陸夾擊以解圍。至

---

[501] 中國史學會主編：《中日戰爭》第六冊，新知識出版社1956年版，第67頁。

是，得覆書，知希望已絕。」[502] 這樣，丁汝昌最後的一線希望終於破滅了。

丁汝昌接此信後，便召集各艦管帶和洋員會議，提出：「鼓力碰敵船突圍出，或倖存數艘，得抵煙臺，愈於盡復於敵。」[503] 但是，馬格祿、牛昶昞等早有密謀，均不答應。「汝昌使人將鎮遠用水雷轟沉，亦無應者。」[504] 馬格祿、牛昶昞等竟帶頭自動散會，並指使一些兵痞持刀威逼丁汝昌。丁汝昌步入艙內，派人召牛昶昞來，對他說：「吾誓以身殉！」並命其「速將提督印截角作廢」[505]，以防止有人盜印投降。牛昶昞佯作應允。丁汝昌遂自殺。張文宣寧死不降，也隨後自殺。

1895 年 2 月 11 日深夜丁汝昌拒降飲藥的情景（日本《風俗畫報》繪）

---

[502] 楊松、鄧力群編：《中國近代史參考資料》，第 270 頁。
[503] 中國史學會主編：《中日戰爭》第一冊，新知識出版社 1956 年版，第 71～72 頁。
[504] 中國史學會主編：《中日戰爭》第一冊，新知識出版社 1956 年版，第 117 頁。
[505] 陳詩：《丁汝昌傳》。

第六章 北洋艦隊的覆沒與最後抗戰

丁汝昌死後,牛昶昞召集諸將和洋員議降,公推護理左翼總兵署鎮遠管帶楊用霖主持投降事宜。楊用霖當即嚴詞拒絕,走進艙內用手槍自戕而死。於是,牛昶昞便與馬格祿、泰萊、浩威、瑞乃爾等商定,由浩威起草投降書,偽託丁汝昌名義向敵投降。[506]12日早晨,廣丙管帶程璧光乘鎮北艦將投降書送到日本旗艦「松島」號。14日,牛昶昞與伊東祐亨在松島艦簽訂《劉公島降約》十一條,規定將鎮遠、濟遠、平遠、廣丙4艘戰艦和鎮東、鎮西、鎮南、鎮北、鎮中、鎮邊6艘砲艦,以及劉公島各炮臺和島上軍資器械全部交給日本。17日,日本聯合艦隊開進威海港,並在劉公島登岸。至此,威海衛基地完全陷落。

北洋艦隊就這樣全軍覆沒了。

---

[506] 陳詩《丁汝昌傳》:「或者不察,妄謂其既降而死,朝旨褫職,藉沒家產。」丁汝昌的冤案直到1909年才得到昭雪,「予開複給還田產」。

結束語

　　北洋艦隊是中國近代最大的一支海軍艦隊。這支艦隊從西元 1879 年 10 月開始籌建，1881 年初步成立，到 1888 年正式成軍，歷時整整 9 年。西元 1895 年 2 月，劉公島陷落，北洋艦隊全軍覆沒。如果從籌建的時候算起，這支艦隊僅存在 15 年多的時間。

　　北洋艦隊的籌建，正當帝國主義對中國進一步加緊侵略的時候。當時，中國人民和帝國主義國家侵略勢力的矛盾，是中國社會的主要矛盾。特別是 1970 年代以來，日本明治政府以發動對華侵略戰爭為其基本國策，並為此而積極擴軍備戰。因此，建立北洋艦隊的目的，主要是抵禦帝國主義的侵略。歷史也完全證明了這一點。

　　北洋艦隊是用 9 年時間建立起來的一支大艦隊，應該說速度是十分迅速的。之所以能夠取得這樣快的速度，主要是由於清政府採用了兩條方針：第一條，是造船與買船並行的方針。福州船政局是主要的造船工業基地，從西元 1867 年建廠起到甲午戰爭爆發為止，共造船 34 艘，其中 11 艘撥給了北洋艦隊。閩廠開始只能造幾百噸的木造小炮船，後來則能造 2,000 噸級的鋼甲快船。中國有近代化的新式艦艇是從辦

結束語

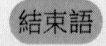

福州船政局開始的，所以有人稱之為「中國海軍萌芽之始」。在北洋艦隊成軍之前，閩廠的造船技術並不比日本差，甚至還超過了日本。不過，與西方先進資本主義國家相比，清朝造船工業仍然落後很多。當時，為了早日成軍，從西方買一些艦隻是完全必要的。問題是，在清朝統治階級內部，對這個方針並沒有統一而明確的認知。當時大致上有三種意見：(一)買船不如造船；(二)造船不如買船；(三)從暫時看，必須買船，而從長遠看，則需發展自己的造船業。很顯然，前兩種意見不管時間和條件把問題絕對化，是片面的觀點；第三種意見則是比較正確的。但是，清政府主要是搖擺於前兩種意見之間，而第三種意見在當權者中間並不占優勢。而日本的做法恰恰與第三種意見相同。到甲午戰爭前夕，日本即能仿造西方 4,000 噸級的新式戰艦，而且品質與西方也不相上下，大大超過閩廠的造船水準了。由於清政府缺少長期的發展海軍的計畫，後來出現「後難為繼」的局面，也就並不奇怪了。

第二條，是自己培養人才為主與聘請洋員為輔的方針。當時出於發展海軍的需求，聘請一些洋員是必要的。清政府與洋員基本上是僱傭關係，按合約辦事的。海軍人才主要是靠自己培養的，其來源大體上有三個途徑：(一)船政學堂(水師學堂)出身的「藝童」；(二)上船實習的「船生」；(三)原來的水師人員轉習海軍。在這些人當中，不少人都出國見

習過或考察過，熟悉海軍的工作，有真才實學。其中，大多數具有愛國思想。甲午戰爭中湧現出來的一大批著名的愛國將領，如丁汝昌、劉步蟾、林泰曾、鄧世昌、林永升、楊用霖等，就是傑出的代表。他們同眾多愛國士兵一起，用鮮血譜寫了一曲愛國抗敵的英雄讚歌。當然，其中也出了少數敗類，如方伯謙、吳敬榮、王永發、王平、蔡廷幹等，或臨陣逃跑，或舉艦投敵，隊全軍帶來了極大的損害。但看其主流，當時的確培養了一批中國最早的優秀海軍人才。

　　然而，由於清朝統治集團的腐朽，北洋艦隊從成軍之日起，就再沒有什麼發展。西元1879年以後，由於清政府在向外國訂造碰快船和鐵甲船的同時，對發展自己的造船工業有所忽視，因而福州船政局出現了停滯不前的局面。西元1884年馬尾海戰中，廠房又遭到破壞，有2年的時間出不了船。廠房修復後，生產也沒有多大進展。福州船政局每況愈下，向外國買船也並不順利。由於清朝主持買船事宜的官吏懵懂無知，上當受騙，許多船買來後根本發揮不了作用，如所謂「蚊子船」即突出的一例。只有後來買進的定遠、鎮遠等2艘鐵甲船和致遠、靖遠等5艘快船，還比較可用。西元1888年後，清政府又決定將大量海防經費用於修建頤和園，乾脆停止購艦了。不僅如此，北洋艦隊的武器裝備也長期沒有預算更新。各艦上配備的還是舊式前膛炮或後膛炮。甲午戰爭前夕，北洋艦隊擬購速射炮18門，需銀僅50萬兩左右，卻限

結束語

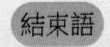

於財力，無法置辦。

軍火供應問題也很多，所使用的砲彈有三個問題：（一）軍火製造和供應缺少計劃和目的性，實心的鋼彈多，能爆炸的榴彈少；（二）由於偷工減料或有人暗中搞鬼，許多榴彈導火線不導火，炸藥不炸；（三）粗製濫造，品質低劣，許多砲彈上銅箍直徑過大，臨使用時須銼小才能填進炮膛，使本來就很慢的發射速度變得更慢了。黃海海戰中，開戰3分鐘時，日艦吉野即被洞穿鐵甲。後來，日艦比睿、赤城、西京丸及其旗艦松島等也都中彈甚多。它們為什麼一艦也沒被炸沉，也就不難理解了。否則的話，黃海海戰的結局很可能全然改變。

北洋艦隊的指揮權集中於北洋大臣李鴻章一人手中，連朝廷的命令也需透過李鴻章才能生效。同樣，南洋艦隊也只聽命於南洋大臣。黃海海戰後，清政府擬從南洋艦隊調南瑞、開濟、寰泰3艦北上，南洋則藉口長江口防務緊急而拖延不放行。[507] 自立門戶，把軍隊視為維護個人權勢地位的資本，這正是封建軍閥的特點。李鴻章說：「以北洋一隅之力，搏倭人全國之師。」[508] 雖有為自己開脫之嫌，但也反映出一些實情。清朝海軍缺乏集中指揮和統一調度，這是與日

---

[507] 直到1895年冬，甲午戰爭早已結束，南洋開濟、寰泰、鏡清、南瑞、福靖5艦始到北洋。次年春，開濟、寰泰、鏡清、南瑞4艦又回南洋。
[508] 中國史學會主編：《中日戰爭》第三冊，新知識出版社1956年版，第112頁。

本海軍大不相同之處。任憑北洋艦隊在前線與敵孤軍作戰，而其他艦隊仍可逍遙事外，與己無關。陸軍也是如此。威海的綏、鞏兩軍直轄屬李鴻章，而威海以外的軍隊則歸山東巡撫排程。因此，當威海衛城與南北幫炮臺被日軍占領後，山東各軍只是遠離威海之外作「游擊之師」，而不願拚力收復威海，致使劉公島成為孤島，發生北洋艦隊全軍覆沒的慘劇。

　　北洋艦隊的最後覆滅，也是李鴻章「保船避戰」方針所帶來的必然結果。黃海海戰後，李鴻章害怕兩艘鐵甲船遭到損失，以「保船」為最上之策，嚴禁北洋艦隊出海作戰。這樣做的結果是：(一)錯過了打擊日本聯合艦隊的機會，使日本受傷諸艦得以修復歸隊；(二)挫傷了北洋艦隊將領們求戰的積極鬥志，使全軍士氣受到影響；(三)放棄了黃海的制海權，任敵艦縱橫海上，使北洋艦隊處於被動挨打的境地。根據李鴻章的「保船」命令，北洋艦隊只能困守威海港內，坐待殲滅了。

　　北洋艦隊是洋務運動的產物。北洋艦隊的覆滅，象徵著洋務運動的最後失敗。洋務運動是中國近代採用西方資本主義生產技術發展工業的一次嘗試。洋務運動的失敗，帶給了中國人兩點重要的歷史教訓：第一，發展工業（包括民用工業和軍事工業）必須有一個和平的國際環境，這個條件在當時是不具備的；第二，只想單純地採用先進生產技術和發展生產力，而不改變生產關係以及與之有關的各種體制，是絕對行不通的，而當時走的正是這樣一條絕路。

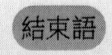

結束語

附錄

附錄一　北洋艦隊大事記

西元	中國紀年	大事
1860 年	咸豐十年	6 月，曾國藩建議清政府開辦海軍。
1861 年	咸豐十一年	總理各國事務衙門迭次與署總稅務司赫德商談購買外國輪船。
1862 年	同治元年	春間，由赫德函令請假回國的總稅務司李泰國在英國代購輪船。 7 月，李泰國在英國訂購大小輪船共 7 艘，名之為金臺、一統、廣萬、德勝、百粵、三衛、鎮吳。 曾國藩在安慶設軍械所，造小輪船一艘，但不得法，行駛遲鈍。
1863 年	同治二年	總稅務司李泰國代購天平輪船。 總理衙門奏定以黃色三角式旗，鑲飛龍戲珠，龍藍色、珠紅色為海軍旗。 9 月，金臺等 7 船到華，由李泰國聘英國人阿思本為幫統。因李泰國諸多挾制，恣意要求，企圖控制船隊，所以清政府將 7 船退回英國變賣。

附錄

西元	中國紀年	大事
1864 年	同治三年	左宗棠找匠人在杭州仿造小輪船，在西湖試行，行駛不速。
1865 年	同治四年	曾國藩於上海虹口設製造局，計劃製造船、炮。
1866 年	同治五年	左宗棠奏設福州船政局於馬尾，這是清朝海軍萌芽之始。
1867 年	同治六年	命沈葆楨總理船政。福州船政局辦求是堂藝局，招收學生，稱「藝童」，在福州城內借房開課。 求是堂藝局遷回馬尾，改稱前後學堂，前學堂學製造，後學堂學駕駛。後學堂第一屆學生有嚴復、劉步蟾、林泰曾、林永升、葉祖珪、邱寶仁、黃建勳、方伯謙等。 船政學堂從廣東招收已通英語的學生10人，作為外學堂學生，其中有鄧世昌、李和、林國祥等。 李鴻章將上海製造局從虹口遷至高昌廟，建造船塢，名為江南製造總局，開始造船。
1868 年	同治七年	8月，江南製造總局製造出第一號輪船，取名恬吉，後改稱惠吉。
1869 年	同治八年	福州船政局造出第一艘砲艦萬年清。江南製造總局製成砲艦操江。
1870 年	同治九年	福州船政局製成炮艦湄雲。

西元	中國紀年	大事
1871 年	同治十年	福州船政局派後學堂學生嚴復、劉步蟾、林泰曾、葉祖珪、林永升、邱寶仁、黃建勳、方伯謙等 18 人，並外學堂學生鄧世昌等，登建威訓練艦實習。
1872 年	同治十一年	內閣學士宋晉以造船費用沉重，疏請停止，不許。
1873 年	同治十二年	福州船政局製成運船海鏡。
1874 年	同治十三年	4 月，日本政府派兵 3,000 侵入臺灣。丁日昌擬《北洋水師章程》六條，建議設立北洋、東洋、南洋三支海軍。清政府任命李鴻章督辦北洋海防事宜，兩江總督沈葆楨督辦南洋海防事宜。
1875 年	光緒元年	李鴻章令總稅務司赫德在英國購砲艦龍驤、虎威、飛霆、策電 4 艘。向英國訂購鎮東、鎮西、鎮南、鎮北砲艦 4 艘。福州船政局派後學堂第二屆學生薩鎮冰、林穎啟等，以及第三屆學生林履中、藍建樞等，登揚武訓練艦（由兵船改用）實習。福州船政局派學生劉步蟾、林泰曾等到英、法遊歷，考察海軍。

附錄

西元	中國紀年	大事
1876 年	光緒二年	春間，劉步蟾、林泰曾從英法考察回國。龍驤、虎威 2 砲艦到華。冬，福州船政局派第一屆出海留學生 26 名和藝徒 7 名分赴英、法見習。到英國學見習的駕駛學生有劉步蟾、林泰曾、嚴復、林永升、葉祖珪、薩鎮冰、黃建勳、林穎啟、方伯謙等。
1877 年	光緒三年	福州船政局製成砲船威遠。 龍驤、虎威 2 砲艦派往澎湖駐防。 飛霆、策電 2 砲艦到中國。
1878 年	光緒四年	李鴻章派道員許鈐身為水師督操，率龍驤、虎威、飛霆、策電 4 艦北上。 李鴻章勘驗龍驤、虎威、飛霆、策電 4 艦，令分駐大沽、北塘海口。
1879 年	光緒五年	5 月，清政府決定先於北洋創設一支艦隊，俟力漸充，由一化三。 福州船政局製成康濟砲船。向英國訂購鎮中、鎮邊 2 砲艦和超勇、揚威 2 巡洋艦。 10 月，鎮東、鎮西、鎮南、鎮北 4 砲艦到華，留北洋差遣。 李鴻章奏留記名提督天津鎮總兵丁汝昌在北洋差遣，旋派督操砲艦。 劉步蟾、林泰曾二人呈上《西洋兵船炮臺操法大略》條陳，提出「最上之策，非擁鐵甲等船自成數軍決勝海上，不足臻以戰為守之妙」。

西元	中國紀年	大事
1879 年	光緒五年	冬，沈葆楨死，海軍規劃遂專屬於李鴻章。李鴻章設水師營務處於天津，由道員馬建忠負責日常工作。
1880 年	光緒六年	李鴻章設水師學堂於天津，以嚴復為總教習。 北洋向德國訂造定遠鐵甲艦、鎮遠鐵甲艦、濟遠巡洋艦，並派劉步蟾、魏瀚等在德國監造。龍驤、虎威、飛霆、策電 4 艦歸南洋差遣。 9 月，聘英國人葛雷森為北洋海軍總教習。 調登州、榮成水師艇船弁兵到大沽操演，以備超勇、揚威 2 艦到時配用。 在旅順築黃金山炮臺，乃旅順設防的開端。
1881 年	光緒七年	1 月，北洋大臣派丁汝昌去英國接收超勇、揚威 2 艦。 9 月，在大沽選購民地，建造船塢，設水雷營、水雷學堂，作為北洋海軍的臨時基地。 鎮中、鎮邊 2 艦到大沽。

附錄

西元	中國紀年	大事
1881 年	光緒七年	10 月，超勇、揚威 2 艦到大沽。李鴻章奏請以提督丁汝昌統領北洋海軍，並奏改三角形海軍旗為長方形，定為縱 3 尺、橫 4 尺，質地章色如故。
1881 年	光緒七年	於旅順設水雷營、魚雷營，於威海設魚雷營、機器廠。 並於旅順、威海均設屯煤所，以備北洋海軍駐泊之用。 北洋會同福州船政局續選學生 10 人出海肄業，這是船政第二屆出海學生。
1882 年	光緒八年	北洋向德國訂購魚雷艇 4 艘，起名為定一、定二、鎮一、鎮二。 派劉步蟾等 11 人到德國協駕鐵艦，並資練習。 聘英國人琅威理為總教習。
1883 年	光緒九年	威海金線頂建魚雷營。
1884 年	光緒十年	3 月，總理衙門請設海軍專部。 8 月，法國艦隊闖進閩江，駛入馬尾軍港，對清朝軍艦實行突然襲擊，福建海軍全軍覆沒。 清政府對法宣戰，北洋海軍總教習琅威理以迴避去職。 聘德人式百齡為北洋海軍總教習。李鴻章派式百齡帶超勇、揚威 2 艦南下，往援臺灣，復以朝鮮內亂為藉口而中途調回。

西元	中國紀年	大事
1885 年	光緒十一年	6月,清政府在諭旨中聲稱要「大治水師」。 北洋向英國訂製致遠、靖遠 2 艘巡洋艦,又向德國訂造經遠、來遠 2 艘巡洋艦,皆派人監造。 山東巡撫張曜來威海考察口岸形勢。 10 月,總理海軍事務衙門成立,派醇親王奕譞總理海軍事宜,慶郡王奕劻、北洋大臣李鴻章為會辦,漢軍都統善慶、兵部右侍郎曾紀澤為幫辦。 11 月,定遠、鎮遠、濟遠 3 艦到華。 南北洋會同船政大臣續派學生出國肄業,於北洋艦隊中選取 9 人,於船政學堂駕駛、製造學生中選取 24 人,此為船政第三屆出海學生。
1886 年	光緒十二年	向德國購福龍魚雷艇 1 艘,本屬福建調遣,後撥歸北洋操練。 旅順海岸炮臺竣工。5 月,奕譞、李鴻章、善慶檢閱海陸軍,並巡視沿海炮臺。 超勇管帶林泰曾請聘琅威理復職。 7 月,丁汝昌率定遠、鎮遠、濟遠、威遠 4 艦出海,折赴日本長崎進塢修理,因水手與日本警察發生口角,相互挑釁,殺傷水手多人。 琅威理力請即日宣戰,丁汝昌阻之,按法律程序妥善解決。

213

附錄

西元	中國紀年	大事
1887 年	光緒十三年	福州船政局製成廣甲巡洋艦。 北洋向英國訂購左一魚雷艇。 北洋向德國訂購左二、左三、右一、右二、右三魚雷艇 5 艘。
		4 月,派鄧世昌、邱寶仁、葉祖珪、林永升去英、德接收致遠、靖遠、經遠、來遠 4 艦。 威海南北岸炮臺開始興工。設水師學堂於昆明湖。
1888 年	光緒十四年	威海劉公島炮臺開始興工。 5 月,大連灣炮臺開始興工。 9 月,北洋艦隊正式成軍。 海軍衙門奏准《北洋海軍章程》,定官制,設提督 1 人,總兵 2 人,副將 5 人,游擊 9 人,都司 27 人,守備 60 人,千總 65 人,把總 99 人,經制外委 43 人。 12 月,購英商帆船 1 艘作為訓練艦,命名敏捷。
1889 年	光緒十五年	福州船政局製成平遠巡洋艦。旅順築陸路炮臺。
1890 年	光緒十六年	總教習琅威理以爭掛督旗不允而辭職。 5 月,設水師學堂於劉公島。

西元	中國紀年	大事
1891 年	光緒十七年	福州船政局製成廣丙魚雷快船。5 月，李鴻章第一次檢閱北洋艦隊。 6 月，日本政府請北洋艦隊訪問日本，丁汝昌率定遠、鎮遠、致遠、靖遠、經遠、來遠 6 艦開赴馬關，由內海至東京。 8 月，威海南北兩岸各添水雷營 1 處，並於南岸水雷營內附設水雷學堂。 大連設水雷營。旅順船塢竣工。
1893 年	光緒十九年	大連灣炮臺竣工。
1894 年	光緒二十年	7 月 21 日，李鴻章僱英國商船愛仁、飛鯨載仁字軍 1 營赴牙山，派濟遠、廣乙、威遠 3 艦護航。 7 月 22 日，日本大本營截獲清政府運兵去朝鮮的情報。 7 月 23 日，李鴻章又僱英國商船「高升」號，載北塘兵 2 營赴牙山，路遇操江艦，遂同行。 伊東祐亨率日艦 15 艘向朝鮮海岸出發，企圖偷襲中國軍艦和運兵船。 濟遠、廣乙、威遠 3 艦抵牙山。 7 月 24 日，愛仁、飛鯨抵牙山，卸兵登岸。 7 月 25 日，日本海軍不宣而戰，在牙山口外豐島附近對中國軍艦進行海盜式的襲擊。 7 月 26 日，丁汝昌率北洋艦隊主力駛往朝鮮白翎島附近，尋找日本聯合艦隊決戰。 李鴻章派德人漢納根為北洋海軍總教習。

附錄

西元	中國紀年	大事
1894 年	光緒二十年	8 月 1 日，清政府對日宣戰。 8 月 3 日，丁汝昌率艦出海追逐敵艦，尋求決戰。 8 月 9 日，北洋艦隊赴朝鮮海面巡擊，日本聯合艦隊聞風遠遁。 8 月 10 日，日艦 21 艘佯攻威海，企圖牽制北洋艦隊。 9 月 12 日，李鴻章命北洋艦隊護送銘軍 8 營赴大東溝。 9 月 15 日夜半，丁汝昌率艦艇 18 艘，護送 5 艘運兵船，從大連灣出發。
		9 月 16 日，北洋艦隊駛抵大東溝。 9 月 17 日晨，銘軍 8 營全部登岸，北洋艦隊完成護航任務。 當天中午 12 點 50 分，北洋艦隊與日本聯合艦隊在鴨綠江口大東溝附近海面相遇，激戰近 5 小時，日艦先遁。 9 月 26 日，濟遠管帶方伯謙在旅順軍前正法。 10 月 18 日，北洋艦隊出旅順口回威海。 10 月 24 日，日本陸軍第二軍在花園口登陸。 11 月 6 日，日軍進占金州。 11 月 7 日，日軍占領大連。 11 月 12 日，漢納根要求以提督頭銜任北洋海軍副提督，賞穿黃馬褂，未允，遂不到艦任職。

西元	中國紀年	大事
1894 年	光緒二十年	11 月 14 日,北洋艦隊出海返威海,進口時鎮遠艦被礁石擦傷船底,管帶林泰曾憂憤自殺。 11 月 15 日,李鴻章派英國人馬格祿為北洋艦隊總教習。 11 月 22 日,旅順口陷落。 12 月 10 日,伊東祐亨往訪大山巖,策劃誘降丁汝昌的陰謀。 12 月 17 日,朝廷降旨逮問丁汝昌,又改革職留任。
1895 年	光緒二十一年	1 月 20 日,日本第二軍第二師團 15,000 人在榮成龍鬚島西海套登陸,並占領榮成縣城。 日本第二軍第六師團 1 萬人,在龍鬚島西海套登陸。 1 月 25 日,伊東祐亨託裴利曼特將勸降書轉交丁汝昌,當即遭到拒絕。 1 月 30 日,日軍水陸夾擊劉公島及南幫炮臺,北洋艦隊發炮支援南岸守軍,擊斃日本陸軍少將大寺安純。日艦 1 艘被擊沉。此為威海海戰的第一場戰鬥。 1 月 31 日,日軍暫停攻擊。 丁汝昌派來遠、濟遠 2 艦轟毀南岸鹿角嘴、龍廟嘴 2 炮臺。 2 月 1 日,丁汝昌派魚雷艇焚毀威海北岸渡船,並炸毀北幫炮臺。 2 月 2 日,日軍從西門進占威海衛城。 日軍占領威海北幫炮臺。

附錄

西元	中國紀年	大事
1895 年	光緒二十一年	2 月 3 日，日軍修好南岸皂埠嘴 28 公分口徑大砲 1 門，與威海口外日艦水陸夾擊劉公島、日島及港內的北洋艦隊。日艦築紫、葛城受傷。此為威海海戰的第二次戰鬥。 夜間，日本魚雷艇拆除威海南口水雷攔壩一段。 2 月 4 日，裴利曼特進威海港，再次勸丁汝昌投降，仍遭拒絕。 2 月 5 日清晨，日本第二、第三魚雷艇隊進港偷襲，定遠中雷擱淺。 天亮後，日軍發動第三次進攻，炮戰很久，互有傷亡。 2 月 6 日清晨，日本第一艇隊進港偷襲，來遠、威遠、寶筏中雷沉沒。 下午，日軍發動第四次進攻，被擊退。 2 月 7 日早晨，日軍發動第五次進攻，松島、橋立、嚴島、秋津洲、浪速均受傷。北洋艦隊魚雷艇管帶王平率福龍、左一、左二、左三、右一、右二、右三、定一、定二、鎮一、鎮二、中甲、中乙 13 艘魚雷艇及飛霆、利順 2 船從威海北口逃跑，結果不是被日軍俘獲，就是被擊沉，只有左一僥倖逃到煙臺。 日島炮臺被敵轟毀。 2 月 8 日，日軍繼續炮擊劉公島及港內北洋艦隊。

西元	中國紀年	大事
1895 年	光緒二十一年	丁汝昌派人懷密信游泳到威海北岸，潛去煙臺求援。 北洋艦隊中的部分洋員在劉公島上的俱樂部裡開會，策劃投降。 2月9日晨2時，英國人泰萊、德人瑞乃爾往見丁汝昌，勸說投降，被斷然拒絕。 上午，日軍發動第六次進攻。 中午，靖遠艦中彈擱淺。 2月10日清晨，日本魚雷艇乘雪偷襲，被擊退。 上午，日軍發動第七次進攻，雙方炮戰3個多小時。 洋員馬格祿、瑞乃爾等與營務處道員牛昶眪脅迫丁汝昌降敵，被丁汝昌嚴厲斥責。 下午，丁汝昌派廣丙炸沉靖遠。 夜裡，劉步蟾炸沉定遠後，自殺殉國。 2月11日清晨，日本魚雷艇乘風雪偷進南北兩口，仍被擊退。 上午，日軍發動第八次進攻，2艦受傷。 中午，東泓炮臺2門24公分口徑炮被擊毀。 夜間，丁汝昌接密信，知援軍無望。 丁汝昌召集各艦管帶及洋員會議，馬格祿、牛昶眪等抗拒命令，指使兵痞持刀威逼丁汝昌投降，丁汝昌自殺殉國。 護軍統領總兵張文宣自殺。 護理左翼總兵署鎮遠管帶楊用霖拒降自殺。

附錄

西元	中國紀年	大事
1895 年	光緒二十一年	牛昶昞與馬格祿、泰萊、浩威、瑞乃爾等商議降事,由浩威起草投降書。 2 月 12 日,廣丙管帶程璧光乘鎮北將投降書送至日本旗艦「松島」號。 2 月 14 日,牛昶昞與伊東祐亨在松島艦上簽訂《劉公島降約》十一條。 2 月 17 日,日軍登陸劉公島,北洋艦隊全軍覆沒。

附錄二　北洋艦隊愛國將領傳略

一　丁汝昌

　　丁汝昌，原名先達，字禹廷，號次章，安徽廬江縣北鄉石嘴頭村（今石頭鎮丁家坎）人。[509]出生於西元1836年11月18日。「少卓犖負奇氣」，「厥性敏慧」。其父丁燦勳務農，家境貧苦，遣丁汝昌出外為人傭工。當地人認為最低賤的三種職業「放鴨人」、「引盲人」、「擺渡人」，丁汝昌都做過。其父又遣丁汝昌跟著人磨豆腐，「勞而無值」[510]，丁汝昌自己勉強餬口，無以贍家。咸豐初年，廬江一帶發生嚴重荒旱，他父母雙雙餓病而死。

　　西元1853年秋，太平軍進軍巢湖地區，連克無為、巢縣、桐城、舒城等地。西元1854年1月18日，太平軍攻克廬江城。[511]就在這時，丁汝昌參加了太平軍[512]，隸於程學啟部下。當時，陳玉成令程學啟佐葉藝來守安慶，丁汝昌從此便隨軍住在安慶。

　　西元1861年夏，清軍圍攻安慶，形勢危急。太平軍再援安慶失利。這時，程學啟率部下300人叛變，投降曾國荃。

---

[509]　西元1864年，丁汝昌遷家至巢縣汪郎中村。今其後代仍居該村。
[510]　陳詩：《丁汝昌傳》。
[511]　《廬江縣誌》卷五。
[512]　丁汝昌家鄉至今還流傳他18歲（虛歲）當兵（太平軍）之說。

丁汝昌於是被編入湘軍。清軍陷安慶後，曾國荃使程學啟領開字營。丁汝昌為哨官，授千總。

西元 1862 年 2 月 22 日，李鴻章率地方武裝淮勇抵達安慶，由曾國藩依照湘軍編制加以整編。不久，曾國藩派李鴻章率部到蘇南地區活動。李鴻章「請於曾國藩，以（程）學啟隸麾下」[513]。從此，丁汝昌又被編入淮軍。

5 月 2 日，淮軍 7,000 人全部到上海，投入鎮壓太平軍的戰爭。10 月間，劉銘傳見丁汝昌，「異之，乞置帳下」。於是，丁汝昌又隸於劉銘傳部下，仍為哨官。不久，丁汝昌升為營官，領馬隊。

西元 1864 年，丁汝昌擢拔副將，統先鋒馬隊 3 營，隨劉銘傳參加鎮壓東西撚軍的戰爭。西元 1868 年，授總兵，加提督銜，賜協勇巴圖魯勇號。

西元 1874 年，朝廷有裁兵節餉之議。劉銘傳欲裁減 3 營馬隊，置丁汝昌於「閒散」。當時，丁汝昌另駐一地，「陳書抗議」。劉銘傳怒其梗阻，「命將召至而戮之」[514]。丁汝昌聞訊，馳歸巢縣家中。時外患頻仍，丁汝昌既罷兵歸里，「居常怏然」。妻魏氏有見識，寬慰他說：「建立功業自有時也，姑待之！」[515] 丁汝昌家居數年，境況愈益窘困，乃去天津見直

---

[513]《清史稿程學啟傳》。
[514] 以上引文見陳詩：《丁汝昌傳》。
[515] 丁應濤：《魏夫人事略》。

隸總督李鴻章，求一差使。李鴻章說：「省三[516]與爾有隙，我若用爾，則與省三齟齬矣。爾宜與之分道揚鑣！」[517]示意丁汝昌應棄陸軍而尌海軍。

西元 1879 年 5 月，清政府確定「先於北洋創設水師一軍，俟力漸充，由一化三」[518]。即先建北洋艦隊，然後逐步建立南洋艦隊和粵海艦隊。並派李鴻章督辦北洋海防事宜。同年 11 月，李鴻章以從英國訂購的鎮東、鎮西、鎮南、鎮北 4 砲艦抵達中國，北洋艦隻漸多，便報請清政府將記名提督丁汝昌留北洋海防差遣。不久，派他督操砲艦。這是丁汝昌海軍生涯的開始。

西元 1880 年 12 月，李鴻章奏派督操丁汝昌率管帶林泰曾、副管帶鄧世昌、大副藍建樞、大副李和、二副楊用霖等，去英國督帶在英廠訂購的超勇、揚威 2 艘快船。西元 1881 年 8 月 14 日，超勇、揚威由駐英公使曾紀澤「親引龍旗，升炮懸掛」，出港開行。丁汝昌駐超勇。這是「中國龍旗第一次航行海外」[519]。「往歲購船，均彼人駛至中國，為費較巨，故此行改派武職重臣，且以增各員弁勇丁遊歷涉練之益也。」[520]

同年 10 月 30 日，超勇、揚威抵天津大沽。李鴻章奏請

---

[516] 劉銘傳，字省三。
[517] 陳詩：《丁汝昌傳》。
[518] 中國史學會主編：《洋務運動》第二冊，上海人民出版社 1961 年版，第 387 頁。
[519] 池仲祐：《海軍大事記》。
[520] 池仲祐：《西行日記》卷上。

附錄

丁汝昌改督操為統領北洋海軍,並改三角形海軍旗為長方形,定為縱3尺、橫4尺,鑲飛龍戲珠,龍為藍色,珠為赤色。1882年,以巡海有功,賞頭品頂戴,換西林巴圖魯勇號。西元1883年,授天津鎮總兵,賞穿黃馬褂。

西元1886年7月,丁汝昌率定遠、鎮遠、濟遠、威遠、超勇、揚威6艦出海操巡,至海參崴(符拉迪沃斯托克),留超勇、揚威2艦等吳大澂勘定中俄邊界,完成任務後返回,其餘4艦折赴日本長崎進塢修理。適值中國水手放假登岸,與日本警察起衝突,遭日警持刀殺傷水手多人。總教習英員琅威理,「力請即日宣戰」[521]。丁汝昌反對輕率開戰,主張透過法律程序解決這次案件。後由日本方面撫卹死傷者,此案得以了結。丁汝昌的持重,防止了中日兩國間的一場軍事衝突。

西元1888年9月,海軍衙門奏定北洋艦隊官制,設提督1人,總兵2人,副將5人,參將4人,游擊9人,都司27人,守備60人,千總65人,把總99人。授丁汝昌為北洋海軍提督,統率大小艦艇40餘艘,約5萬噸。為培養急需的海軍技術人才,又根據丁汝昌的建議,於西元1890年5月設水師學堂於劉公島,由丁汝昌兼領總辦,美人馬吉芬充任教習。

西元1894年7月25日,日本海軍不宣而戰,對北洋海軍發動海盜式的襲擊,爆發了中日甲午戰爭。同年9月17

---

[521] 池仲祐:《海軍大事記》。

日,中日海軍主力相遇於鴨綠江口外的黃海,雙方展開了激戰。海戰中,北洋艦隊以10艦對日本聯合艦隊12艦,在噸位、航速、火力、艦齡等方面皆不如日艦,但北洋艦隊將士「誓死抵禦,不稍退避」[522]。開戰不久,丁汝昌受重傷,拒絕進艙養息,裹傷後仍坐在甲板上督戰,激勵士氣。激戰5小時,重創日本聯合艦隊,迫使其倉皇遁逃。然北洋艦隊亦損失致遠、經遠、超勇、揚威4艦。

北洋艦隊駛回威海後,丁汝昌布置水陸防務,竭盡全力。他反對慈禧一派的議和行動,對日本侵略者的野心始終有所警惕,認為「鋌而走險是其慣習,宜更防其回撲我境」,並提出「及時紓力增備」的正確主張。[523]西元1895年1月20日,日本陸軍第二軍在海軍掩護下,於榮成龍鬚島西海套渡兵登岸,包抄威海後路。同年1月30日,日軍進攻威海南幫炮臺。丁汝昌親自率艦支援南幫炮臺守軍,發炮擊斃日軍第六師團第十一旅團長陸軍少將大寺安純。但由於眾寡懸殊,威海陸軍炮臺遂失。於是,劉公島成為孤島,北洋艦隊被困於威海港內。

此後,日軍連日水陸夾擊劉公島及北洋艦隊。在2月9日的海戰中,丁汝昌親登靖遠艦指揮。戰至中午時,靖遠為敵炮擊中擱淺,丁汝昌被水手救上小船,始免於難。日軍先

---

[522] 中國史學會主編:《中日戰爭》第三冊,新知識出版社1956年版,第135頁。
[523] 丁汝昌:《致戴孝侯書》四、五。

後發動 8 次進攻，均被擊退，並有多艘軍艦受傷。日本軍見硬攻不成，便轉而採取誘降的辦法。日本聯合艦隊司令伊東祐亨致書丁汝昌說：「夫大廈之將傾，固非一木所能支。苟見勢不可為，時不云利，即以全軍船艦權降與敵，而以國家興廢之端觀之，誠以些些小節，何足掛懷。僕於是乎指誓天日，敢請閣下暫遊日本。切願閣下蓄餘力，以待他日貴國中興之候，宣勞政績，以報國恩。」[524] 丁汝昌閱信後，斷然拒絕：「余決不棄報國大義，今唯一死以盡臣職。」[525] 並將此信上交李鴻章，以表示自己誓死抗敵的堅強決心。

　　日軍見攻不下，勸不降，只好對北洋艦隊採取長期圍困的方針。北洋艦隊陷入重圍之中，局勢日趨險惡。丁汝昌早就抱定了誓死抗敵的決心。他曾對家人說：「吾身已許國！」[526] 已將個人的生死置之度外。他堅信，只要陸上有援軍開到，水陸夾擊，則劉公島之圍立即可解。因此，他派一名水手懷密信游泳到威海北岸，潛去煙臺向登萊青道劉含芳求援。但在這危急的時刻，總教習英員馬格祿等洋員卻在劉公島上的俱樂部開會，密謀投降。威海營務處提調牛昶昞也參加了洋員的策降活動。丁汝昌洞悉這一陰謀，對他們說：「我知事必出此，然我必先死，斷不能坐睹此事！」並向全軍

---

[524] 中國史學會主編：《中日戰爭》第一冊，新知識出版社 1956 年版，第 195～197 頁。
[525] 日本海軍軍令部：《二十七八年海戰史》下卷，第十一章，第一節。
[526] 施從濱：《丁君旭山墓表》。

下令:「援兵將至,固守待命!」[527]

2月21日晚間,丁汝昌接到先前所派水手的回報,知山東巡撫李秉衡由煙臺移軍萊州,陸援已告絕望。於是召集各艦管帶和洋員會議,提出:「鼓力碰敵船突圍出,或倖存數艘,得抵煙臺,愈於盡覆於敵。」[528]但馬格祿、牛昶昞等早有密謀,均不答應。丁汝昌「使人將鎮遠用水雷擊沉,亦無應者」[529]。他們竟帶頭自動散會,並指使兵痞持刀威逼丁提督。丁汝昌無奈派人召牛昶昞來,對他說:「吾誓以身殉!」丁汝昌命牛昶昞「將提督印截角作廢」[530],以防止有人盜印降敵,遂自殺,時年60歲。

二 劉步蟾

劉步蟾,字子香,福建侯官(今福州)人。生於西元1852年。「少沉毅,力學深思。及長豪爽,有不可一世之概。」15歲考入福州船政學堂「學習駕駛槍炮諸術,勤勉精進,試迭冠曹偶」[531]。西元1871年,上建威訓練艦實習,巡歷南至新加坡、檳榔嶼各口岸,北至渤海灣及遼東半島各口岸。他工作認真,技術純熟,4年後便被破格提拔為建威管帶。

---

[527] 日本海軍軍令部:《二十七八年海戰史》下卷,第十一章,第一節。
[528] 中國史學會主編:《中日戰爭》第一冊,新知識出版社1956年版,第71～72頁。
[529] 中國史學會主編:《中日戰爭》第一冊,新知識出版社1956年版,第117頁。
[530] 陳詩:《丁汝昌傳》。
[531] 池仲祐:《劉軍門子香事略》。

附錄

　　西元 1875 年秋，沈葆楨以福州船政局正監督法員日意格回國之便，派劉步蟾等 5 人隨赴英國和法國參觀學習，以增長閱歷。西元 1876 年春，劉步蟾從國外歸來，被保舉都司。同年冬，船政派第一批學生出海學習，其中包括駕駛學生劉步蟾、林泰曾、嚴宗光、林永升、葉祖珪、方伯謙、薩鎮冰、林穎啟等 12 人。西元 1877 年，劉步蟾被派到英國旗艦「馬那多」號上實習，擔任船副。留英期間，他的成績出類拔萃，同學中皆無可與之相比，每試「成績冠諸生」[532]。英國遠東艦隊司令裴利曼特對他的評語是：「涉獵西學，功深伏案。」[533] 國內也有人評論說：「華人明海戰術，步蟾為最先。」[534] 皆是公允之論。西元 1879 年，經英國海軍部考試，獲得優等文憑。清政府授予游擊，並賞戴花翎。

　　留英歸國後，劉步蟾任鎮北砲艦管帶，成為名副其實的海軍戰官。但是，他對北洋海軍的現狀甚為擔憂，因為當時清朝最大的快船才 1,000 多噸，而像鎮北這樣的砲艦也才 400 多噸，是遠不能因應海防需求的。為此，他便與林泰曾共同研討，將留學心得寫成題為《西洋兵船炮臺操法大略》的條陳，上呈直隸總督李鴻章，提出發展海軍「最上之策，非擁鐵甲等船自成數軍決勝海上，不足臻以戰為守之妙」[535]。主

---

[532] 李錫亭：《清末海軍見聞錄》。
[533] 中國史學會主編：《中日戰爭》第七冊，新知識出版社 1956 年版，第 544 頁。
[534] 《清史稿劉步蟾傳》。
[535] 《李文忠公全書》，譯署函稿，卷十。

張擴充海軍力量,對外敵侵略採取積極防禦的方針。當時,這個建議被清政府所採納。

西元 1880 年,李鴻章向德廠訂購定遠、鎮遠 2 艘鐵甲船和濟遠快船,派劉步蟾在德國監造,並研究槍、炮、水雷技術。同年冬,劉步蟾又被派為駐英水師隨員,並接收新購的超勇、揚威 2 艘快船。西元 1882 年,李鴻章派劉步蟾等 11 員去德國協駕定遠等艦,並資練習。西元 1885 年 11 月,劉步蟾督帶定遠等艦回國,被派充定遠管帶,授參將,又升副將,賞強勇巴圖魯勇號。

劉步蟾多次出國見習考察,接觸西方的新事物,也接受了一些西方資產階級的民主思想,因此對中國封建社會的某些舊傳統、舊習慣極為不滿。他看到西方人提倡男女平等,對女兒的孩子和兒子的孩子一樣稱呼,都叫「孫子」(grandson) 或「孫女」(granddaughter);稱自己父母的父母都是「祖父」(grandfather) 或「祖母」(grandmother),而沒有「外祖父」、「外祖母」的叫法,便首先在自己家裡實行。他看到西方婦女都識字而不纏足,認為中國婦女纏足而不識字是極不合理的,因此他便不讓自己的女兒纏足,要她們念書。當時社會上吸毒成風,他對此深惡痛絕,並告誡子女:「永遠不許吸鴉片,家中以後有吸鴉片者,就不是我的兒孫!」[536] 不僅如此,更重要的是,他學習了西方近代的軍事科學,並能夠

---

[536] 據劉步蟾的親屬陳琨提供的史料。

附錄

身體力行，被人稱為「治軍嚴肅，凜然不可犯，慷慨好義有烈士風」[537]。

西元 1888 年 9 月，海軍衙門奏准《北洋海軍章程》，定海軍經制，北洋艦隊正式成軍。在籌建過程中，劉步蟾劬勞從事，「一切規劃，多出其手」[538]。他負責草擬《北洋海軍章程》時，充分應用了自己所學到的西方海軍制度和條例，故人稱「內多酌用英國法」[539]。但他也不是生硬照抄，而是參照中國具體情況作適當的改動。例如，他起草時，即曾參考過薛福成於西元 1881 年試擬的《酌議北洋海防水師章程》[540]。由於他對建立北洋艦隊的貢獻，劉步蟾被任命為右翼總兵兼旗艦定遠管帶，成為北洋海軍中地位僅次於提督丁汝昌的高級將領。

中國海軍始略具規模。但為時不久，「朝廷乃有停購船械之議」[541]。當時掌握朝政大權的慈禧太后，醉心於驕奢淫逸的生活，不願常年住在紫禁城裡。總理海軍事務奕譞是光緒的父親，為了討好慈禧，竟挪用海軍經費來修頤和園，停撥了海軍添置軍艦的款項。據不完全統計，為修建頤和園而先後挪用的海軍經費，共達 2,000 萬兩之多。用這筆鉅款，可

---

[537] 池仲祐：《劉軍門子香事略》。
[538] 李錫亭：《清末海軍見聞錄》。
[539] 中國史學會主編：《洋務運動》第八冊，上海人民出版社 1961 年版，第 284 頁。
[540] 劉錦藻：《清朝續文獻通考》，兵考，海軍，浙江古籍出版社 1988 年版。
[541] 池仲祐：《劉軍門子香事略》。

買 7,000 多噸的鐵甲船 10 餘艘，或 2,000 多噸的快船 20 餘艘。而日本蓄謀發動侵略中國的戰爭，正在大力擴張海軍力量，平均每年都要添購 2 艘新式戰艦。劉步蟾見此情形，異常焦急。當時朝野上下不是沒人看見，不過誰都不敢站出來講話。只有御史吳兆泰冒死上疏，奏請節省頤和園工程。慈禧覽奏大怒，以光緒名義釋出上諭，將吳兆泰「交部嚴加議處」，以儆效尤。從此，文武百官皆噤若寒蟬了。劉步蟾深知「日本增修武備，必為我患」。他激於愛國情操，毅然親謁李鴻章，請求「按年添購如定、鎮者兩艦，以防不虞」。李鴻章老於官場，知道此事的利害關係，便搪塞道：「子策良善，如吾謀之不用何！」劉步蟾頗不以為然，慷慨激昂陳辭：「相公居其位，安得為是言！平時不備，一旦僨事，咎將誰屬？」在座的官員無不大驚失色。獨劉步蟾侃侃而談，神色自若。對此，時人評論說：「蓋其憂國之深，忠憤激昂，流露於言詞之間而不自覺也。」[542] 劉步蟾還多次向提督丁汝昌力陳中國海軍裝備遠遜日本，添船換炮不容少緩，丁汝昌據以上報。李鴻章則不敢向朝廷力爭，只是說停購船械「懼非所以慎重海防，作興士氣之至意也」[543]。發發牢騷而已。北洋艦隊終於未再更新一艦一炮。

北洋艦隊成軍之後，因技術力量不足，「亟圖借才異國，

---

[542] 池仲祐：《劉軍門子香事略》。
[543] 池仲祐：《海軍大事記》。

附錄

迅速集事」[544]，因此從國外招募了一些洋員。洋員水準參差不齊，克盡厥職者固不乏人，懷有野心者也大有人在。英員琅威理兩任總教習，清政府賜以提督銜，以示優待。他則以「副提督」自居，飛揚跋扈，一心攬權。而按《北洋海軍章程》，只有1員提督、2員總兵，並無「副提督」的編制。西元1890年冬，北洋艦隊巡泊香港，丁汝昌奉命離艦去法國，劉步蟾按規定撤下提督旗，而升上總兵旗。琅威理爭執說：「提督離職，有我副職在，何為而撤提督旗？」劉步蟾回答說：「水師慣例如此。」[545] 琅威理不服，訟於李鴻章。李鴻章「覆電以劉為是」[546]。「琅威理遂憤而去職，歸國後猶復逢人稱道其在華受辱不置云。」[547] 這次爭旗事件，關係到是由中國人還是外國人來掌握北洋艦隊指揮權的問題，絕不能視為是劉步蟾與琅威理之間的個人權力之爭。

西元1894年春，曾在中國海關緝私船任職的英國海軍後備少尉泰萊，由海關總稅務司赫德介紹到北洋艦隊，擔任總教習德員漢納根的顧問兼祕書。此人野心勃勃，狂妄自負。他夥同漢納根向清政府建議，從智利等國買進8艘新式快船，招募外國海軍官員駕駛，另建一支新軍。開到中國後，與原北洋艦隊「合成一軍」，撤去中國提督，「另派一樣員擔

---

[544] 薛福成：《庸盦內外編》，海外文編，第二卷，第31頁。
[545] 李錫亭：《清末海軍見聞記》。
[546] 池仲祐：《海軍大事記》。
[547] 《晨園漫錄》。

任全軍水師提督」[548]，實則要求「交其本人指揮」。其包藏禍心，昭然若揭。劉步蟾洞悉其奸，「從中梗阻」，因此，「泰萊憤然，每尋機詆毀之」。[549]

同年 7 月 25 日，甲午戰爭爆發。9 月 17 日，北洋艦隊與日本聯合艦隊在鴨綠江口外的黃海相遇，雙方展開激戰。開戰前，劉步蟾曾發出「苟喪艦，將自裁」[550] 的誓言。海戰中，北洋艦隊擺成「人」字陣，劉步蟾乘坐的「定遠」號恰好在「人」字尖上，衝鋒在前，將日本聯合艦隊攔腰截斷，重創其比睿、赤城、西京丸諸艦，並擊斃赤城艦長海軍少佐阪元八郎太。他奮勇督戰，力搏強敵，「丁汝昌負傷後，表現尤為出色」[551]。他「指揮進退，時刻變換，敵炮不能取準」[552]。定遠艦的水手都稱讚他：「劉船主有膽量，有能耐，全船沒有一個孬種！」[553] 據日方記載，定遠「陷於厄境，猶能與合圍之敵艦抵抗。定遠起火後，甲板上各種設施全部毀壞，但無一人畏戰逃避」[554]。戰到後來，定遠發出的 30 公分半口徑的巨炮砲彈，命中日本旗艦「松島」號，「霹靂一聲，船軸傾斜了五度，冒上白煙，四顧黯淡，炮臺指揮官海軍大尉志摩

---

[548]《漢納根條陳節略》。
[549] 李錫亭：《清末海軍見聞錄》。
[550] 泰萊：《甲午中日海戰見聞記》。
[551] 李錫亭：《清末海軍見聞記》。
[552] 中國史學會主編：《中日戰爭》第三冊，新知識出版社 1956 年版，第 135 頁。
[553] 據《定遠水手陳敬永口述》。
[554] 川崎三郎：《日清戰史》第七編，東京博文館西元 1897 年版，第三章，第 70～71 頁。

附錄

清直以下，死傷達一百餘人，死屍山積，血流滿船，而且火災大作」[555]。松島經此打擊，成為一具空殼，完全喪失了戰鬥和指揮的能力。定遠艦愈戰愈奮，而日艦已多受重傷，勢窮力盡，於是倉皇遁逃。黃海海戰後，丁汝昌離艦養傷，劉步蟾代理提督。北洋艦隊駛回威海後，他積極貫徹丁汝昌提出的「紓力增備」[556] 方針，反對向敵乞和。西元 1895 年 2 月 5 日拂曉前，日本魚雷艇進港偷襲，定遠中雷進水，即將沉沒。在此危急的時刻，他斷然下令，將定遠急駛到劉公島鐵碼頭外側的淺灘擱淺，當「水炮臺」使用，以繼續發揮保衛劉公島的作用。2 月 10 日，船上儲備的彈藥全部打完。為使戰艦不落入敵手，他下令炸沉定遠。當天夜裡，劉步蟾毅然自殺，實踐了自己的誓言，時年 44 歲。

---

[555]《日清戰爭實記》。
[556] 丁汝昌：《致戴孝侯書》五。

三　林泰曾

林泰曾，字凱仕，福建閩縣人。生於西元 1852 年。西元 1867 年，考入福州船政學堂，學習航海駕駛，「歷考優等」[557]，被譽為「閩廠學生出色之人」[558]。西元 1871 年，上建威訓練艦實習。西元 1873 年，隨船赴新加坡、呂宋、檳榔嶼各海口，頗歷風濤。西元 1874 年，被派到臺灣後山測量港口航道。同年，委任安瀾艦槍械教習，又調任建威訓練艦大副。

西元 1875 年，林泰曾隨福州船政局正監督法員日意格赴英國採辦軍用器物，並考察西方船政。沈葆楨奏保守備，加都司銜。同年冬，又奏保以都司留閩補用。次年，林泰曾回國，調赴臺灣會辦翻譯事務。

西元 1877 年，船政派第一批學生出海。林泰曾赴英國繼續深造，熟練駕駛、槍炮、戰陣諸法。西元 1879 年，卒業歸來，被派充飛霆砲艦管帶。

西元 1880 年，南北洋大臣會同閩浙總督奏保，以林泰曾「沉毅樸誠，學有實得」[559]，升為游擊，並戴花翎，調任鎮西砲艦管帶。林泰曾與劉步蟾在船政學堂與英國兩度同學，又同時擔任砲艦管帶，長期相處，志同道合，因共同研討，

---

[557]《林凱仕軍門事略》。
[558] 中國史學會主編：《中日戰爭》第四冊，新知識出版社 1956 年版，第 301 頁。
[559]《林凱仕軍門事略》。

附錄

寫成題為《西洋兵船炮臺操法大略》的條陳，上於李鴻章，主張學習西方海軍的經驗，擴充中國的海軍力量，對外敵侵略採取積極防禦的方針。

西元 1880 年 12 月，林泰曾隨丁汝昌去英國接帶新購的超勇、揚威 2 艘快船。次年回國，以接船有功，升參將，並賞果勇巴圖魯勇號。西元 1882 年，又隨丁汝昌赴朝鮮，挫敗了日本對朝鮮的武裝干涉計畫。事畢，升副將。西元 1885 年，又兼辦北洋水師營務處。林泰曾長期任職海軍，是一位優秀的將領。李鴻章對他的評語是「資深學優」[560]，「駕駛操練均極勤奮」；沈葆楨對他的評語則是「深通西學，性行忠謹」。西元 1888 年，北洋艦隊成軍，林泰曾便被破格特授左翼總兵兼鎮遠管帶。

林泰曾之為人，「性沉默，寡言笑」，治軍嚴明，而「用人信任必專，待下仁恕，故臨事恆得人之死力」。[561] 西元 1894 年，甲午戰爭爆發。戰爭初期，林泰曾即「力主進攻，舉全艦隊遏止仁川港」，與日本聯合艦隊「一決勝負於海上」。[562] 丁汝昌對此表示贊同。但囿於李鴻章「北洋千里，全資封鎖，實未敢輕於一擲」[563] 的指示，這個計畫未能實現。

---

[560] 中國史學會主編：《中日戰爭》第四冊，新知識出版社 1956 年版，第 301 頁。
[561] 以上引文見《林凱仕軍門事略》。
[562] 川崎三郎：《日清戰史》第七編，東京博文館西元 1897 年版，第三章，第 19～20 頁。
[563] 中國史學會主編：《中日戰爭》第三冊，新知識出版社 1956 年版，第 23 頁。

在黃海海戰中，林泰曾指揮鎮遠艦與定遠艦密切配合，戰績卓越。「鎮遠與定遠的配置及間隔，始終不變位置，用巧妙的航行和射擊，時時掩護定遠，奮勇當我[564]諸艦，援助定遠且戰且進。」[565] 在海戰的緊要關頭，林泰曾指揮沉著果斷，「開炮極為靈捷，標下各弁兵亦皆恪遵號令，雖日彈所至，火勢東奔西竄，而施救得力，一一熄滅」[566]。在定遠、鎮遠2艦的奮力搏戰下，日艦倉皇遁逃。英國遠東艦隊司令裴利曼特曾評論說，日軍「不能全掃乎華軍者，則以有巍巍鐵甲船兩大艘也」[567]，誠非虛語。連日人也有詩讚鎮遠道：「其體堅牢且壯宏，東洋巨擘名赫烜。」[568] 戰後論功，賞換霍春助巴圖魯勇號。[569]

西元1894年11月，北洋艦隊巡旅順返航威海。進威海北口時，正值落潮，雷標漂出範圍，鎮遠艦因避標而擦暗礁，底板裂縫2丈有餘，進水甚急。林泰曾採取緊急措施，堵住漏水，安然駛進威海港內。他認為自己失職，憂憤填膺，服毒而死，時年43歲。

---

[564] 這裡的「我」，乃指日本聯合艦隊。
[565] 川崎三郎：《日清戰史》第七編，東京博文館西元1897年版，第三章，第70頁。
[566] 中國史學會主編：《中日戰爭》第一冊，新知識出版社1956年版，第169頁。
[567] 中國史學會主編：《中日戰爭》第七冊，新知識出版社1956年版，第550頁。
[568] 土屋鳳洲：《觀鎮遠艦引》。
[569] 《清史稿鄧世昌傳》。

附錄

四　楊用霖

楊用霖，字雨臣，福建閩縣人。生於西元 1854 年。少喪父母，依伯兄楊騰霄。「性喜任俠，尚氣節，重然諾」，喜「侃侃談天下事，旁若無人」。17 歲時，參加海軍，投藝新艦為「船生」，從管帶許壽山學習英語及駕駛、槍炮技術。楊用霖刻苦好學，「日夕勤劬，寒暑不輟，而穎悟悅進，於航海諸藝日益精熟」。不久，便補為振威艦管炮官，又升藝新艦二副。

西元 1879 年，林泰曾留英回到中國，由福建帶艦北上，調楊用霖同行。楊用霖到北洋後，先後任飛霆、鎮西艦二副。次年，隨丁汝昌去英國接帶超勇、揚威 2 艦，充超勇二副。回到中國後，升任大副。西元 1885 年，定遠等艦來華，楊用霖調升鎮遠艦幫帶大副，賞戴花翎，以守備用。西元 1888 年，北洋艦隊成軍，海軍人才缺乏，李鴻章奏請以楊用霖署右翼中營游擊。西元 1891 年，楊用霖又升用參將，賞加副將銜。

楊用霖少時失學，長大酷愛讀書，「公暇益肆力於書籍，手不釋卷，才識遂日以增進，長官咸倚重之」[570]。總教習英員琅威理對楊用霖評價很高，認為他將來在海軍方面的建樹不可限量，並稱讚他「有文武才，進而不止者，則亞洲之納

---

[570] 以上引文均見《楊鎮軍雨臣事略》。

爾遜」[571]。在北洋艦隊中，楊用霖是很有威信的將領，「在營治軍嚴明有威，而愛撫士兵不啻家人子弟」[572]。每逢士兵「疾苦勞頓，必親臨慰問」，因此士兵極為「感戴」。[573]「以故士咸為用。」[574]

西元 1894 年 9 月 17 日，北洋艦隊與日本聯合艦隊戰於黃海。楊用霖奮然對部下將士說：「時至矣！吾將以死報國，願從者從，不願從者吾弗強也。」大家感動得掉淚說：「公死，吾輩何以生為？赴湯蹈火，唯公所命！」楊用霖協助管帶左翼總兵林泰曾，指揮全艦將士奮力鏖戰，彈火飛騰，血肉狼藉，而神色不動。激戰中，旗艦定遠中炮起火，艦中將士一面救火，一面與敵搏戰。此刻，楊用霖突轉鎮遠之舵遮於其前，向敵艦發動進攻，使定遠得以撲滅其火，從容應敵。當時在附近海域「觀戰」的西方海軍人士，皆稱讚：「靡此，而定遠殆矣！」[575] 戰到最後，終於迫使日艦逃遁。戰後論功，補用副將，賞捷勇巴圖魯勇號。

西元 1894 年 11 月，北洋艦隊從旅順駛回威海，進口時鎮遠觸礁進水，管帶林泰曾憂憤自殺。楊用霖擢升護理左翼總兵兼署鎮遠管帶。當時旅順已經失陷，鎮遠不能進塢，楊

---

[571] 林紓：〈閩縣楊公墓誌銘〉。
[572]《閩侯縣誌》第八五卷。
[573]《楊鎮軍雨臣事略》。
[574] 林紓：〈閩縣楊公墓誌銘〉。
[575]《楊鎮軍雨臣事略》。

用霖帶領人員日夜趕修，將艦修好。在威海海戰中，他協助丁汝昌和劉步蟾奮力抗敵，先後擊退日艦的 8 次進攻。楊用霖「常以馬革裹屍為壯」[576]，並以此激勵部下。西元 1895 年 2 月 5 日，定遠艦遭魚雷擊中擱淺，丁汝昌移督旗於鎮遠。同月 11 日，劉步蟾和丁汝昌先後自殺。營務處提調牛昶昞等推舉楊用霖出面與日軍接洽投降。楊用霖嚴詞拒絕，回艙後口誦文天祥「人生自古誰無死，留取丹心照汗青」的詩句，用手槍從口內自擊而死，時年 42 歲。[577]

五　鄧世昌

鄧世昌，字正卿，廣東番禺縣人。生於西元 1855 年。少時即「有謀略」[578]，曾與歐洲人學習算術，通英語。「性沉毅，留意經世之學」。西元 1867 年，入福州船政學堂，學習航海駕駛，各門課程考核皆列優等。西元 1874 年，沈葆楨獎以五品軍功，派充琛航艦管帶。

西元 1875 年，先後調任海東雲艦和振威艦管帶，並代理揚威艦管駕，薦保守備，加都司銜。

西元 1879 年，李鴻章興建海軍，留意海軍人才，聞鄧世昌「熟悉管駕事宜，為水師中不易得之才」[579]，便調到北洋

---

[576]《楊鎮軍雨臣事略》。
[577] 關於楊用霖的歲數，有「40 歲」與「42 歲」二說。此據林紓〈閩縣楊公墓誌銘〉。
[578]《清史稿鄧世昌傳》。
[579] 以上引文見《番禺縣續志》卷二三。

差遣，任飛霆艦管帶。繼又調任鎮南砲艦管帶。西元 1880 年 8 月，總教習英員葛雷森率鎮東、鎮西、鎮南、鎮北 4 砲艦巡遊渤海，至海洋島，鎮南艦觸礁。鄧世昌沉著指揮，「旋即出險」[580]。清政府偏信洋員的報告，竟將鄧世昌撤職，由洋教習英員章斯敦接任。

西元 1880 年 12 月，鄧世昌以副管帶隨督操丁汝昌去英國接超勇、揚威 2 艘快船。這是鄧世昌第一次出海，更加留意西方海軍的發展，「詳練海戰術」[581]，大有收穫。

西元 1882 年，朝鮮政局發生動亂，日本擬趁機進行軍事干涉。李鴻章聞訊，派丁汝昌率艦護送浙江提督吳長慶部東渡，以援朝鮮。鄧世昌「鼓輪疾駛，迅速異常，徑赴仁川口，較日本兵船先到一日」，「日兵後至，爭門不得入而罷」。[582]事成，鄧世昌被破格提升，免補都司，遷游擊，管帶揚威艦，賞勃勇巴圖魯勇號。

西元 1887 年 8 月，李鴻章以在英德兩國訂購的致遠、靖遠、經遠、來遠 4 艦竣工，派鄧世昌、葉祖珪、林永升、邱寶仁出海接帶。鄧世昌以營務處副將銜參將兼致遠管駕。歸途中，他「扶病監視行船」，並沿途操演，「終日間變陣必數次」，「時或操火險，時或操水險，時或作備攻狀，時或作攻

---

[580] 池仲祐：《海軍大事記》。
[581] 《清史稿鄧世昌傳》。
[582] 《番禺縣續志》卷二三。

附錄

敵計」。艦上將士「莫不踴躍奮發,無錯雜張皇狀。不特各船將士如臂使指,抑且同陣各艦亦如心之使臂焉」。鄧世昌還很關心水手的生活,其他艦上「病故升火水手甚多」,不得不僱用「升火土人」,「唯致遠獨無」。[583] 西元 1888 年 4 月 25 日,致遠、靖遠、經遠、來遠 4 艦安抵天津大沽。同年 5 月,李鴻章到威海檢閱北洋艦隊,以鄧世昌「訓練得力」[584],奏准賞換噶爾薩巴圖魯勇號。9 月,北洋艦隊成軍,授鄧世昌中軍中營副將,仍管帶致遠艦。

鄧世昌平時「精於訓練」[585],「執事唯謹」[586],人稱「治事精勤,若其素癖」[587]。雖然他未出海留過學,但「西學湛深」[588],為一般同僚所不及。時人稱讚他「使船如使馬,鳴槍如鳴鏑,無不洞合機宜」[589]。特別是他富有愛國精神,「英氣勃發」[590],雖「衽席波濤,不避風險」[591]。並經常「在軍激揚風義,甄拔士卒,遇忠烈事,極口表揚,慷慨使人零涕」[592]。他曾對人說:「人誰不死,但願死得其所耳!」[593]

---

[583] 余思詒:《航海瑣記》。
[584]《番禺縣續志》卷二三。
[585] 中國史學會主編:《中日戰爭》第一冊,新知識出版社 1956 年版,第 167 頁。
[586] 余思詒:《航海瑣記》。
[587]《鄧壯節公事略》。
[588]《中東戰紀本末大東溝海戰》。
[589] 中國史學會主編:《中日戰爭》第一冊,新知識出版社 1956 年版,第 167 頁。
[590]《中東戰紀本末大東溝海戰》。
[591]《番禺縣續志》卷二三。
[592] 徐珂:《鄧壯節陣亡黃海》。
[593]《番禺縣續志》卷二三。

甲午戰爭爆發後,他對部下將士說:「設有不測,誓與日艦同沉!」[594]以表露其與敵決一死戰的決心。

在黃海海戰中,鄧世昌指揮致遠艦「衝鋒直進」,「開放艦首尾英廠十二噸之大砲,並施放機器格林炮,先後共百餘出,擊中日艦甚多」。[595]此時,日本第一游擊隊吉野、高千穗、秋津洲、浪速4艦正駛至中國旗艦定遠的前方,並向定遠進逼。為保護旗艦,鄧世昌將艦「開足馬力,駛出定遠之前」[596],迎戰來敵。致遠陷於4艘日艦的包圍之中,仍然意氣自若,毫不退縮。鄧世昌「勇敢果決,膽識非凡」[597]的表現,極大地鼓舞了全艦將士。時人有詩讚道:「兩軍鏖戰洪濤中,雷霆鏗鏘天異色。高密後裔真英雄,氣貫白日懷精忠。」[598]

戰至下午3點鐘,致遠在日本4艦的圍攻下,中彈甚多。由於連續受到敵艦重炮的打擊,致遠艦水線下受傷,艦身傾斜,勢將沉沒。在此危急關頭,鄧世昌激勵將士說:「吾輩從軍衛國,早置生死於度外,今日之事,有死而已!」[599]致遠雖傷勢嚴重,仍能於「陣雲撩亂中,氣象猛鷙,獨冠全

---

[594] 中國史學會主編:《中日戰爭》第一冊,新知識出版社1956年版,第167頁。
[595] 《番禺縣續志》卷二三。
[596] 中國史學會主編:《中日戰爭》第一冊,新知識出版社1956年版,第134頁。
[597] 川崎三郎:《日清戰史》第七編,東京博文館西元1897年版,第四章,第67頁。
[598] 繆鐘謂:《紀大東溝戰事弔鄧總兵世昌》。
[599] 徐珂:《鄧壯節陣亡黃海》。

軍」[600]。恰在此時，致遠和日艦吉野相遇。鄧世昌見吉野橫行無忌，早已義憤填膺，準備與之同歸於盡，以保證全軍的勝利。他對幫帶都司大副陳金揆說：「倭艦專恃吉野，苟沉是船，則我軍可以集事！」[601]於是，「鼓輪怒駛，且沿途鳴炮，不絕於耳，直衝日隊而來。」[602]不幸中敵魚雷，「機器鍋爐迸裂，船遂左傾，頃刻沉沒」[603]。鄧世昌和大副陳金揆、二副周居階等同時落水。

鄧世昌墜水後，其隨從劉相忠持救生圈跳入海中，拉鄧世昌浮出。鄧世昌「以闔船俱沒，義不獨生，仍復奮擲自沉」。此刻，鄧世昌所養的愛犬名「太陽犬」者，也游到他身邊，叼住他的髮辮，避免他沉入海中。鄧世昌誓與艦共存亡，毅然用手按狗頭入水，自己也隨之沒入波濤之中。其「忠勇性成，一時稱嘆」[604]。時年僅40歲。全艦200餘名將士，除27人遇救生還外，餘者全部壯烈犧牲。時人有詩云：「東溝海戰天如墨，炮震煙迷船掀倒。致遠鼓楫衝重圍，萬火叢中呼雜賊。勇哉壯節首捐軀，無愧同胞誇膽識。」[605]便反映了當時中國人民對鄧世昌的深切悼念。

---

[600] 中國史學會主編：《中日戰爭》第六冊，新知識出版社1956年版，第550頁。
[601] 中國史學會主編：《中日戰爭》第一冊，新知識出版社1956年版，第67頁。
[602] 中國史學會主編：《中日戰爭》第六冊，新知識出版社1956年版，第550頁。
[603] 中國史學會主編：《中日戰爭》第一冊，新知識出版社1956年版，第67頁。
[604] 中國史學會主編：《中日戰爭》第三冊，新知識出版社1956年版，第136頁。
[605] 鄭觀應：《憶大東溝戰事感作》。

六　林永升

　　林永升，字鍾卿，福建閩侯人。生於西元1853年。14歲考入福州船政學堂，學習航海駕駛。西元1871年，到建威訓練艦上實習。

　　西元1875年，調赴揚威訓練艦，任船政學堂教習，補千總。西元1877年，被派往英國海軍學校學習戰陣兵法，在校成績屢列優等。次年，被派登馬那多鐵甲船見習，巡歷地中海各海域，閱歷大增。

　　西元1880年，林永升在英國留學期滿，結業回國，升守備，加都司銜。不久，由李鴻章調往北洋，任鎮中砲艦管帶。西元1881年，調任康濟訓練艦管帶。西元1882年，朝鮮政局發生動亂，日本趁機進行軍事干涉，李鴻章派丁汝昌赴朝鮮，林永升從行。以航行迅速，比日艦先一日抵達朝鮮，使日本用兵力控制朝鮮的計畫歸於失敗。林永升回國後，以功補都司，並賞戴花翎。

　　西元1887年8月，在英德船廠訂造的致遠、靖遠、經遠、來遠4艘快船工竣，李鴻章派鄧世昌、葉祖珪、林永升、邱寶仁等出海接帶。林永升任經遠艦管駕。西元1888年4月，4艦安抵天津大沽，林永升薦保游擊，賞禦勇巴圖魯勇號。同年9月，北洋艦隊成軍，林永升任經遠艦管帶。西元1889年，海軍衙門成立，北洋艦隊設中軍右營副將，由林永

附錄

升署理。西元 1891 年,李鴻章到威海檢閱北洋艦隊,以林永升「辦海軍出力」[606],升保副將,補缺後升用總兵,並賞換奇穆欽巴圖魯勇號。次年,實授林永升中軍右營副將。

西元 1894 年,甲午戰爭爆發。9 月 17 日,北洋艦隊與日本聯合艦隊相遇於黃海,雙方展開激戰。黃海海戰之前,林永升即「先期督勵士卒,昕夕操練,講求戰守之術,以大義曉諭員弁士兵,聞者咸為感動」[607]。臨戰時,林永升「盡去船艙木梯」,並「將龍旗懸於桅頭」,以示誓死奮戰。[608]

戰至下午 3 點鐘左右,北洋艦隊右翼陣腳之超勇、揚威 2 艦,已中彈起火而燒毀,經遠艦的右側失去掩蔽。此時,日本先鋒隊吉野等 4 艦見有機可乘,專力繞攻經遠,將經遠劃出陣外。在號稱「帝國精銳」的 4 艘日本先鋒艦的圍攻下,經遠中彈,「火勢陡發」[609]。林永升指揮經遠艦,有進無退,「奮勇摧敵」[610]。儘管敵我力量懸殊,處境不利,但全艦將士「發炮以攻敵,激水以救火,依然井然有序」[611]。日本 4 艦死死咬住經遠,「先以魚雷,繼以叢彈」[612],經遠艦以一抵四,毫不畏懼,「拒戰良久」。激戰中,林永升突然發現一

---

[606] 《清史稿林永升傳》。
[607] 《林少保鐘卿事略》。
[608] 《閩侯縣誌》卷八六。
[609] 中國史學會主編:《中日戰爭》第六冊,新知識出版社 1956 年版,第 89 頁。
[610] 中國史學會主編:《中日戰爭》第三冊,新知識出版社 1956 年版,第 129 頁。
[611] 中國史學會主編:《中日戰爭》第一冊,新知識出版社 1956 年版,第 168 頁。
[612] 中國史學會主編:《中日戰爭》第三冊,新知識出版社 1956 年版,第 134 頁。

敵艦中彈受傷，遂下令「鼓輪以追之」，「非欲擊之使沉，即須擒之同返」。[613] 日艦依仗勢眾，群炮萃於經遠。林永升中彈，壯烈犧牲，時年42歲。

七　黃建勳

　　黃建勳，字菊人，福建永福人。生於西元1853年。西元1867年，以文童應船官考，入福州船政學堂。西元1872年6月，調建威訓練艦見習航海，遊歷南北海港。西元1874年，先後充任揚武、福星兵船正教習。西元1875年，又調回揚武，赴日本及中國各海口梭巡，以增長閱歷，薦保千總。

　　西元1877年，船政派第一批學生出海，黃建勳到英國學習物理、化學等科。同年底，上伯樂芬勞鐵甲船任見習二副，周遊南北美及西印度一帶海口，研究海道沙線。西元1879年，伯樂芬勞艦長阿武裡給予黃建勳「學行優美」證書。[614] 見習結業後，黃建勳繼續留在英國補習槍炮攻守戰術。西元1880年，黃建勳又在英國參觀大船廠、機械局、槍炮廠等處。同年4月，黃建勳學成歸國，充任船政學堂駕駛教習。

　　西元1881年，黃建勳補守備，加都司銜。同年7月，李鴻章調他到北洋，任大沽水雷營管帶。西元1882年3月，黃建勳署理鎮西砲艦管帶。不久，實授管帶，隨丁汝昌赴朝

---

[613] 中國史學會主編：《中日戰爭》第三冊，新知識出版社1956年版，第134頁。
[614] 《黃鎮軍菊人事略》。

鮮，保升都司，並戴花翎。西元 1887 年 4 月，調任超勇快船管帶。西元 1889 年，海軍衙門成立，升署左翼後營參將。西元 1891 年，加副將銜。西元 1892 年，以參將署理期滿，改為實授。

西元 1894 年 9 月 17 日，北洋艦隊與日本聯合艦隊戰於黃海。超勇與其姊妹艦揚威，當時正位於北洋艦隊的右翼，而 2 艦乃木造包鐵的舊式兵船，艦齡已在 13 年以上，防禦力很差，於是日本第一游擊隊吉野等 4 艦便集中火力猛攻不已。超勇與揚威奮勇還擊，終因中彈太多，「共罹火災，焰焰黑煙，將全艦遮蔽」[615]。不久，超勇右舷傾斜，難以行駛，終於被烈火燒毀。黃建勳「為人慷慨，尚俠義，性沉毅，出言憨直，不作世俗周旋之態，而在軍奮勵，往往出人頭地」[616]。他落海後，左一魚雷艇來救，拋長繩救援。黃建勳不就而沉於海，時年 42 歲。

八　林履中

林履中，字少谷，福建侯官人。生於西元 1853 年。西元 1871 年，考入福州船政學堂第三期，學習航海駕駛，「在堂屢考優等」[617]。

---

[615] 川崎三郎：《日清戰史》第七編，東京博文館西元 1897 年版，第四章，第 63 頁。
[616]《黃鎮軍菊人事略》。
[617]《林鎮軍少穀事略》。

西元1874年，上建威訓練艦，實習航海。西元1875年，調赴揚威訓練艦，遊歷南北洋港道及日本各海口，以資練習。西元1876年，又赴南洋群島，至新加坡、檳榔嶼、小呂宋等處。同年冬，補伏波兵船大副。

西元1881年，李鴻章調林履中到北洋，任威遠訓練艦教練大副。次年夏，林履中被派赴德國驗收新購定遠鐵甲船的魚雷、炮位、器械等。隨後調往英國高士堡學堂研究駕駛、槍炮、數學、電學等。西元1884年，由英國返回德國，沿途考察英、德二國軍港的風潮沙線。到德國後，仍回定遠鐵甲船。西元1885年，林履中協帶定遠艦回中國，派充大副，奏獎藍翎千總。同年冬，林履中升調副管駕。西元1887年，調任揚威快船管帶，薦保花翎守備。西元1889年，海軍衙門成立，林履中升署右翼後營參將。西元1891年，實授參將，加副將銜。

西元1894年，甲午戰爭爆發。在黃海海戰中，揚威艦適位於北洋艦隊的右翼陣腳。日本第一游擊隊吉野等4艦抄擊北洋艦隊的右翼，揚威奮力抗禦。林履中平時「勤慎儉樸，能與士率同艱苦」[618]，故戰時部下無不用命。炮戰不久，揚威中炮起火，又復擱淺。不料此時濟遠艦竟轉舵逃跑，「適遇揚威鐵甲船，又以為彼能駛避」，「直向揚威。不知揚威先已擱淺，不能轉動，濟遠撞之，裂一大穴，水漸汩汩而入」。[619]

---

[618]《林鎮軍少穀事略》。
[619] 中國史學會主編：《中日戰爭》第一冊，新知識出版社1956年版，第168頁。

揚威受傷嚴重,漸不能支,艦身逐漸下沉,林履中仍然指揮部下「放炮擊敵」[620]。及至登臺一望,艦身已沒入水中,遂奮然跳海,隨波而沒,時年 42 歲。

附錄三 北洋艦隊水手的回憶

這裡選編了三篇北洋艦隊水手的回憶。其中,除谷玉霖一篇是 1940 年代採訪的以外,其餘皆為 1950 年代或 1960 年代初採訪的。由於他們在北洋艦隊中生活過,並親自參加了甲午戰爭,故在回憶中提供了許多珍貴的史料,可補充文獻資料的不足之處。

一 谷玉霖口述

谷玉霖(西元 1873〜1949 年),威海北溝村人,在來遠艦當炮手。這篇口述是在 1950 年代蒐集到的。據篇末小注,知道是有人根據谷玉霖在 1946 年 5 月 18 日的口述而整理的,但並未署名。

我 15 歲在威海參加北洋水師練勇營,後來當炮手,先是二等炮手,每月拿 16 兩銀子,以後升上一等炮手,就每月拿 18 兩銀子。我在廣東艇、康濟艦、鎮北艦、來遠艦各幹了 2 年,還隨定遠和來遠到過德國。來遠在劉公島中雷以後,我

---

[620]《林鎮軍少谷事略》。

又調去給丁提督當護衛。

北洋水師初建時，聘請英國人琅威理任總教習，掛副將銜。琅威理對待水手十分苛刻，動不動用刑罰，所以水師裡有「不怕丁軍門，就怕琅副將」的說法。艦上還有洋人炮手，待遇很高，技術並不佳。

有一英人炮手，月薪 200 兩，外加食費 100 兩，中國炮手就給他起了個「三百兩」的綽號。仗打起來後，又有兩個美國人來到艦上，自稱有法術能掩蔽船身，使敵船不能望見我船。其辦法是在艦尾上建造一部噴水機，艦在海面上航行就會噴出水來。可是經過試驗，並沒有什麼實效。

朝鮮發生內戰，被日本當成侵略朝鮮和中國的藉口。甲午年八月十六日，北洋水師從威海開往大東溝。十八日發生海戰。一開始，我艦在北，先行炮擊，日方較為沉寂，駛到近距離時才還擊。這時，日艦忽然變東西方向，我方一時處於劣勢。定遠艦旗杆中彈斷落，致遠艦長鄧世昌以為丁軍門陣亡，當即升起提督旗來振奮全軍。日艦炮火隨即集中於致遠，艦身和艙面多次中彈，損傷很重。鄧管帶英勇指揮，炮擊日艦吉野，想跟它同歸於盡，向它衝去，不料船尾中了敵艦所放的魚雷。鄧管帶見致遠行將沉沒，不肯獨生，憤然投入海中。他平時所養的愛犬名叫「太陽犬」，急跳入海中救主人，轉瞬間銜住鄧管帶的髮辮將他拖出水面。這時，搭救落水官兵的魚雷艇也趕來，艇上水手高呼：「鄧大人，快上扎杆！」鄧管帶用手示意，不肯苟生，跟狗一起沒入水中。

日軍進攻威海時，中國主要敗在陸軍，海軍還是能打

附錄

的。海軍丁統領(按:即丁汝昌)和陸軍戴統領(按:即戴宗騫)不和,有一些海軍軍官就叫戴統領拉去了。段祺瑞原在金線頂海軍學堂任教習,後來成為戴統領的幕賓。段祺瑞經常出入錢莊酒樓,是個荒唐人。我曾看見他在前峰西村人劉銘三所開的「恆利永」號出入,還見城裡十字口戲樓上演戲時為他「跳加官」。黎元洪原來在廣乙艦上當二車,是甲午戰後轉陸軍的。

日軍打威海,採用包抄後路的戰術,先用海軍掩護陸軍在榮成龍鬚島登陸,由榮成大道西進,襲取南幫炮臺。戴統領倉促應戰,糧臺重事竟毫無準備,士兵出發時暫發燒餅充飢。所準備的燒餅又不敷分配,便趁年節期間搶老百姓的過年食物。戴統領平時好說大話,真打仗就不行了。他帶的綏軍六個營,軍紀很壞,所以老吃敗仗。光緒二十一年正月初五,日軍包圍了南幫炮臺,翠軍傷亡很大,有可能全軍覆沒,海軍官兵都很著急。這時,丁統領親自帶領幾條艦開近南幫,用重炮遙擊日本馬隊,掩護翠軍突出重圍。榮成的官兵退到孫家灘、大西莊、港南一帶後,在正月初七又同日軍打了一仗。日軍遭到抬杆的掃射,死人很多。可是閻統領(按:即閻得勝)不敢打,也不跟孫統領(按:即孫萬齡)配合,就自己撤走了。第二天孫統領撤到酒館,就按臨陣脫逃的罪名將閻統領處死了。

陸軍西撤以後,丁軍門想堅守劉公島,就派他的衛士天津人楊發和威海人炮手戚金藻乘寶筏船到北幫炸毀了炮臺和子藥庫。丁軍門還親自到北幫炮臺邀戴統領商討攻守大計。

戴統領進劉公島後，感到失守炮臺罪責難逃，怕朝廷追究，就自盡了。劉公島護軍張統領（按：即張文宣）也是自盡的。丁軍門先在定遠，後上靖遠督戰，但為投降派所逼，知事已不可為，就從軍需官楊白毛處取來煙膏，衣冠整齊，到提督衙門西辦公廳後住屋內吞煙自盡。我當時是在提督衙門站崗的十衛士之一，親眼所見，所以知道詳情。

丁軍門自盡後，工程司嚴師爺（按：應為營務處牛提調，即牛昶昞之誤）為首集眾籌議投降事。先推楊副艦長（按：即楊用霖）出面接洽投降，楊副艦長不幹，回到艦上持長槍用腳蹬扳機自盡。其他艦長也有五六人先後自殺。最後推定靖遠葉艦長（按：即葉祖珪）代表海軍，嚴師爺代表陸軍，與日軍接洽投降。他們乘鎮北去的，日本的受降司令是大鳥。

北洋水師的船，主要是「七鎮八遠」。「八遠」原來購置時，款子多來自地方，所以就用地名來命名。如保定府出款的叫定遠，鎮江出款的叫鎮遠。再像經遠、來遠、平遠，都是這樣。只有致遠、靖遠兩條船，是臺灣富戶出款的。

二　陳學海口述

陳學海（西元 1877～1962 年），威海城裡人，在來遠艦當水手。他曾參加過黃海海戰和威海海戰。這篇口述是筆者根據 1956 年 10 月間的三次訪問紀錄整理而成的。

我小時家裡窮，俺爹死了，俺媽養活不了好幾個孩子，就打發我出去要飯。光緒十七年，那年我 15 歲，經別人指點去投北洋水師當練勇。俺媽託了人，替我多報了幾歲，量體

附錄

高時我又偷偷蹺起腳後跟，這才驗上了。那次共招了7個排的練勇，一排200人，共1,400人，差不多都是威海、榮成海邊上的人。練勇分三等：一等練勇，月銀6兩（按：每兩合1,400錢）；二等練勇，月銀5兩；三等練勇，月銀4兩半。我剛當練勇，是三等練勇，一月拿4兩半銀。那時好小麥才400多錢一升（按：每升合25市斤），苞米200多錢一升，豬肉120錢一斤（按：每斤合市秤1斤2兩）。後來打起仗來，物價差不多貴了1倍，豬肉漲到200錢一斤。俺家裡每月能見幾兩銀子，生活可以勉強維持，俺媽也不用串街討飯了。甲午戰爭打起來那年，我補了三等水手。水手也分三等：一等水手，月銀10兩；二等水手，月銀8兩；三等水手，月銀7兩。仗一打起來，我就補了二等水手，每月拿8兩銀子了。水手上面還有水手頭：正水手頭每月拿14兩銀子；副水手頭每月拿12兩銀子。炮手的月銀還要高：一等炮手，18兩；二等炮手，16兩。這是說中國炮手，洋炮手不在此限。他們特別受優待，每月能拿到二三百兩銀子。

北洋水師的船大大小小不下四五十條。水師裡有兩句話：「七鎮八遠一大康，超勇揚威和操江。」主要的船，這兩句話裡都有了。「七鎮」包括鎮東、鎮西、鎮南、鎮北、鎮中、鎮邊、鎮海，都是小砲艦。「八遠」包括定遠、鎮遠、經遠、來遠、致遠、靖遠、濟遠、平遠，都是大艦。「康」，是康濟。「七鎮」每條船上有50多人，各7門炮，只有船頭上一門是大砲，其餘都是小炮。「八遠」每條船上有二三百人。其中，定遠和鎮遠人最多，各300多人。超勇、揚威是

老船，一放炮幫上直掉鐵鏽。廣甲、廣乙、廣丙是從南洋水師調來的（按：此處口述者記憶有誤，廣甲等三艦乃由廣東水師調到北洋的），船比較新。定遠船頭有32生（公分）的口徑大砲2門，船尾有28生（公分）的口徑大砲1門（按：此亦有誤，應為艦首各有30公分半口徑炮4門，艦尾15公分口徑炮1門），兩側各有15生（公分）的口徑中炮4門，其他都是小炮，統共有20多門。威遠、康濟是練勇船，有100多人，武器裝備很差，只有11門中小炮，根本不能出海作戰。操江是運輸船，全船不到100人，配備5門小炮。飛霆、寶筏是兩條差船。伏平、勇平、開平、北平是裝煤船。在魚雷艇當中，福龍最大，船主叫蔡廷幹，有30多人。其次是左一，船主王平是天津人，兼魚雷艇管帶。再次是左二、左三、右一、右二、右三，各有20多人，帶4個魚雷。還有4個「大頭青」（按：即定一、定二、鎮一、鎮二），也是放雷船，各帶2個雷，只有7個人：船主兼管舵、拉旗、燒火、加油、開車各1人，船前船後各有1名水手。另外，有6個中艇（按：應為2個中艇，即中甲、甲乙），只帶1個雷，也是7個人。

　　我一上船就在來遠上，船主姓邱（按：即邱寶仁）。光緒二十年八月十五，丁提督接到李中堂的電報，命十八日出發，往大東溝護送陸軍。丁提督怕船慢誤事，提前2天，於十六日下午2點出發。水師共去了18條船，護送運兵船5條，裝了12個營（按：應為8個營，每營500人）。十七夜裡下1點，到了大東溝。第二天，一大早就開始卸兵。

早上8點鐘，主艦定遠上掛出龍旗準備返航。11點半開晌飯，飯菜剛在甲板上擺好，日本艦隊就露頭了。定遠艦上有個水師學堂的實習生，最先發現日本船，立時打旗語通知各船。丁統領掛「三七九九」旗，命令各艦實彈，準備戰鬥。於是，咱這邊10條艦排成雙縱隊前進，一會兒又擺成人字陣式，向敵艦直衝。定遠先打第一炮，別的船跟著開火。日本船先向北跑，然後又轉頭向西跑，一連打過來3炮，第一炮就把定遠的旗杆線打斷。有兩個聽差去給丁統領送午餐，一顆砲彈掃過來，兩個人都死了。丁統領很難過，戰後撫卹每家100兩銀子。第二炮、第三炮從定遠和鎮遠艙面上掃過去，著起火來。船上官兵一起動手救火，才把火撲滅。以後就轟轟隆隆打起來了。

當時船上弟兄們勁頭很足，都想跟日本人拚一下，沒有一個孬種。我和王福清兩人抬砲彈，一心想多抬，上肩就飛跑，根本沒想到危險。俺倆正抬著，一顆砲彈打過來，就在附近爆炸，一塊砲彈皮把王福清的右腳後跟削去，他一點沒覺出來。仗快打完了，我才看見他右腳下一片紅，就問：「二叔，你腳怎麼啦？」王福清也是威海城裡人，排行老二，我擺街坊輩叫他一輩。他一聽，低下頭看腳，才站不住了。我立時把他扶進前艙臨時病房裡，驗了頭等傷，賞60兩銀子。其實，我也掛了彩。胯襠下叫砲彈皮削去一塊肉，驗了二等傷，賞30兩銀子。定遠、鎮遠、致遠、靖遠、經遠、來遠幾條船都打得很好。日本主船大松島中炮起了火，船上所有的炮都啞巴了。數濟遠打得不行。濟遠船主姓黃（按：即方

伯謙。黃方音近，故誤方為黃），是個熊蛋包，貪生怕死，光想躲避砲彈，滿海亂竄。各船弟兄看了，沒有不氣憤的，都狠狠地罵：「滿海跑的黃鼠狼！」後來，濟遠船主不聽命令，轉舵往十八家島跑，慌裡慌張地把揚威撞沉了。致遠船主鄧半吊子（按：即鄧世昌）真是好棒。他見定遠上的提督旗被打落，全軍失去指揮，隊形亂了，就自動掛起統領的督旗。他又看日本船裡數吉野最屬害，想和它同歸於盡，就開足馬力往前猛撞，不幸中了雷。這時，滿海都是人。鄧船主是自己投海的。他養的一條狗叫太陽犬，想救主人，跳進水裡咬住了鄧船主的髮辮。鄧船主看船都沉了，就按住太陽犬一起沉到水裡了。據我知道，致遠上只活了兩個人，一個水手頭，一個炮手，是朝鮮船救上來送回威海的。

　　致遠沉後，定遠上打旗語，各艦知道丁統領還在，情緒更高，打得更猛了。下午3點多鐘，平遠、廣丙、鎮南、鎮中和4條魚雷艇也出港參加戰鬥。日本人一看情況不利，轉頭就往東南方向逃走。我們的船尾追了幾十海里，因為速度比日本船慢，沒追上，就收隊。回到旅順，已經是傍晚6點鐘。

　　大東溝一仗，來遠受傷最屬害，船幫、船尾都叫砲彈打得稀爛，艙面也燒得不像樣子，最後還是由靖遠拖到旅順上塢的。艦隊回到旅順，濟遠已經先到，黃船主等候在碼頭上。他向丁統領請過安後，就跪下請罪。丁統領冷笑說：「快起來，快起來！不敢當，不敢當！黃管帶腿好快啊！」當時就把黃船主押到海軍公所。八月二十二日，天剛矇矇亮，

附錄

　　黃船主就被押到黃金山下大塢西面的刑場上。黃船主穿一身睡衣，據說是剛從被窩裡拖出來的。行刑的人叫楊發，天津人，是丁統領的護兵，人很膽大，也有力氣。他恨透了「黃鼠狼」，是親自向丁統領討了這差事的。行刑時，各艦弟兄們一起圍著看，沒有不喊好的。

　　到八月底（按：此處有誤，北洋艦隊回威海的時間應在十月間），別的船都回了威海，來遠因為傷得厲害，還不能出塢，只留下靖遠擔任護衛。丁統領見來遠的弟兄們打得勇敢，很高興，自費貼每人1塊錢（按：摺合7錢2分銀子）作獎勵。九月裡風聲更緊，丁統領來電催來遠快修，早日歸隊。來遠的船幫、船裡剛修好能開車，就回了威海。到威海後，又修理了好幾天，才算完全修好。來遠進威海口時，兄弟船上齊放9桿炮表示歡迎，也是祝賀來遠作戰立功。來遠的弟兄們高興極了，就放18桿炮來回敬。

　　臘月底傍過年時，威海開始吃緊。老百姓聽說日本人要打威海，氣得不得了，都把過年的大餑餑留下來，送到城裡十字口老爺廟裡慰勞軍隊，連大殿裡都擺滿了。可是綏軍不爭氣，敵人沒見面就跑了。

　　威海原先有10營陸軍：南幫鞏軍4營，北幫綏軍4營，劉公島護軍2營。仗打起來後，鞏軍、綏軍、護軍各補充了2營，共16營了。

　　鞏軍劉統領（按：即劉超佩）是合肥人，經常打罵當兵的。當兵的給他起了個外號叫「劉鬍子」，就是「紅鬍子」的意思。有一次，一個當兵的得罪了他，他親自用槍把這個當

258

兵的打死了。他待兵狠,可一聽見打仗腿就打哆嗦。正月初五早上,日本人離南幫遠著哪,他就乘快艇跑到劉公島,藏在開大煙館的同鄉林琅齋家裡,以後又逃到煙臺了。

光緒二十年臘月二十八日(按:日本侵略軍分兩批登陸,第一批為第二軍第二師團在臘月二十五日登陸,第二批為第二軍第六師團在臘月二十七日登陸。故這裡的「臘月二十八日」,應指日軍登陸完畢的日期),日軍在榮成龍鬚島登陸。轉過年正月初五,日軍得了南幫炮臺。日本陸軍進威海城,走的是威海西路,初七在孫家灘打了一仗。這一仗中國打得不賴,日本兵死了四五百,中國人傷亡了百八十。閻統領不肯去接仗,不然日本兵敗得更慘。閻統領臉黑,是個大煙鬼,當兵的都叫他「閻黑子」。他待兵不好,所以也有罵他「閻孤露」的。「孤露」就是絕後,在封建時代是很厲害的罵人話。孫統領(按:指嵩武軍總兵孫萬齡)個兒不高,是個小胖兒,很能打仗,外號叫「孫滾子」。他把閻統領處死,大夥兒都稱讚他。

初七這天,日本人就進了威海城。這天下午,我在船上望見東城門樓上掛膏藥旗,知道威海丟失了。丁統領怕北幫炮臺叫日本人得了,就派60多名自告奮勇的(按:指敢死隊)去毀炮臺,其中有戚金藻、楊發等人,當時毀得很徹底,炮身全部炸裂,把子藥庫也燒了。同一天,丁統領又派王平帶人去南幫炸毀炮臺。王平坐的是左一魚雷艇,除原來艇上有30多人外,還臨時有7個自告奮勇來的,其中有我,另外我只認識4個人,2個天津人,2個榮成人,都是水手。出發

附錄

前,丁統領為了鼓勵俺這些人,給左一官兵各發了30兩銀子,俺這7個自告奮勇來的各發了60兩銀子。左一帶了3隻小舢板,船尾1隻,船旁各1隻,準備登岸用的。快靠近南幫時,被敵人發現了,向我們射擊。

王平怕死,不敢上岸,轉舵向後跑,還威脅我們回去不許說出實情。王平自己卻回去向丁統領報功,說去到南幫後,因時間倉促來不及炸炮,用壞水(按:指鏹水)澆進炮膛把炮廢了。丁統領信以為真,高興地說:「劉公島能夠久守了。」

王平怕謊報戰功的事被丁統領發覺,辦他的罪,就和他的親信商量逃跑。我在來遠中雷後被救上岸,派在鐵碼頭上站崗。十二日晚間,我知道了這件事。我有個要好的朋友在魚雷艇上,偷偷告訴我十三早上在碼頭上等著,好隨魚雷艇跑。我說:「這樣幹不對!」他說:「王船主有命令,誰敢不從!」我說:「咱高低不能幹這號事!」他說:「唉!沒有法子。」我沒有說服他,但我也不敢聲張。果然,十三日早晨,王平領著福龍、左一、左二、左三、右一、右二、右三這7號魚雷艇,2個中艇,4個「大頭青」,還有飛霆、利順2條船,從北口子逃跑了。在這些船當中,只有左一在當天午間逃到煙臺,其餘的不是擱灘,就是叫日本海軍俘虜了。王平逃到煙臺以後,去見登萊青道劉叭狗(按:指劉含芳),謊報威海失了。劉叭狗又上報給省裡,這樣從貴州調到煙臺的援兵就沒有東來。當時領頭逃跑的還有穆晉書和蔡廷幹。

正月初七下午,丁統領派人去毀北幫炮臺,把戴統領從

北幫祭祀臺接進劉公島。當時正輪著榮成城廂人王玉清和榮成俚島人楊寶山兩個人在鐵碼頭站崗，把戴統領從船上攙扶下來。他倆後來告訴我，戴統領身穿一件青面羊皮襖，上面抹得很髒，頭戴一頂瓜皮帽，還纏了一條手巾，面色很難看，對王、楊兩人說：「老弟，謝謝你們啦！」接著長嘆一口氣，自言自語地說：「我的事算完了，單看丁軍門的啦！」戴統領進島後，第二天喝了大煙，但藥力不足，抬在靈床上又掙扎著坐起來。當時薩鎮冰（按：薩鎮冰當時為康濟艦管帶）守在旁邊，又讓他喝了一些大煙，這才嚥氣。戴統領死時，我正在門外站崗，看得很真切。

當時威海兩個口子把守得很嚴實，都攔上了鐵鏈木排，上有浮雷，下有沉雷，要是沒有人引路，日本人插翅膀也別想飛進來。正月初十，英國提督（按：指英國遠東艦隊司令裴利曼特）進港會見丁統領，由鎮北領進來，日本軍艦這時也停止了炮擊，可見他兩家是打過招呼的。英國提督船走了，當天夜裡日本魚雷艇就進港偷襲。日本兩條魚雷艇也沒能回去，都叫咱俘虜了，艇上的日本人不是被打死就是落水了。

劉公島上有奸細。據我知道，有個叫傅春華的，湖北人，不務正業，先在島上殺豬，以後又拐籃子抽籤子，出入營房，引誘官兵賭博，趁機刺探軍情。正月十六日夜裡，站崗的還發現東疃善塋地裡有亮光，一閃一閃的，像是打訊號，就報告了提督衛門的師爺楊白毛。楊白毛和張甩子（按：指劉公島護軍統領張文宣）聯繫，派人去善塋地檢視。找了

附錄

很久,沒發現可疑的地方。就要準備回頭走,有人發現有幾座墳背後都堆了不少雜草,有點異常。把草扒開,有個洞,用燈往裡一照,原來裡面藏了奸細。這天夜裡,一共抓了7個日本奸細。這夥人已經活動了好幾個晚上。他們在墳後挖個洞,打開棺材,把屍首拖走,白天藏在裡面,夜間出來活動。這7個日本奸細當天就處死了。

三 苗秀山口述

苗秀山(西元1873～1962年),威海劉公島人,在鎮北艦上當水手。他因家住劉公島,從小與北洋艦隊水手接觸,故對水師的情況極熟。他本人還親自參加了威海海戰。這篇口述是筆者根據1961年10月13日的訪問紀錄整理而成的。

我是劉公島人,住東瞳西街,下海打過魚,也幹過雜工。光緒二十年七月初四日上的船。當時仗已經打起來,水師需要人。我在西局子練勇營住了4天就上船實習。總共幹了7個多月,頭個月拿4兩銀子;第二個月拿4兩半銀子;第五個月轉為正式水手,拿7兩銀子;第七個月升二等水手,就拿8兩銀子了。

因為我家住劉公島,從小就和水手們混得很熟,所以對北洋水師各船的情況知道得很詳細。最初船上是用菜油燈照明,有專人專門管點燈。各船都沒有汽燈,就是大船有兩盞電照燈,設在堆樓上。光的圓徑約1尺,能照十幾里遠。到甲午戰爭時,大船都用上汽燈了。北洋水師各船當中,威遠來得最早,是從上海開來的,水手們都叫它「二十號」。威遠

有3根桅，4條橫桿，所以又被叫「三支香」。定遠、鎮遠都是2根桅，只是前桅有1道橫桿。廣甲、廣乙、廣丙都是新船，式樣和威遠差不許多，是中國自己造的。丁統領是安徽人，下面的管帶差不多都是福建人。船上還有一些洋員，英國人、德國人、美國人都有。定遠劉管帶不買洋員的帳，洋員最恨他，老是背後說他的壞話。

我一上船就在鎮北上，船主是呂大鬍子（按：即呂文經）。鎮北船很老，船裡幫的鐵板都生了鏽，一放炮鐵鏽簌簌往下掉。鎮北船上共有7桿炮：船頭1桿大的；船尾2桿小的；船左幫前一桿是10個響，後一桿是1個響；船右幫前一桿是4個響，後一桿也是1個響。船頭的大砲有來複線，一邊有專人管藥，一邊有專人管炮子。放時，先裝好炮子再裝藥。船兩幫的炮用的炮子不一樣，都帶銅殼，但大小不一：10個響的跟步槍子彈相似；4個響的像重機槍子彈；1個響的炮子還要大，有兩三寸長。船後桅上掛船主旗，黃白兩色，2寸多寬，1丈多長，旗尾有叉。

水手都穿藍褲褂，褲子前面打折，腰間繫藍帶，頭上紮青包頭，腳下穿抓地虎靴。冬天棉褲棉襖外罩藍褲褂。假日上岸另換服裝：夏天白衣褲；冬天藍呢衣褲。操練都用英國式，喊操也用英語。官兵級別不同，袖飾也不一樣：三等水手1道槓；二等水手2道槓；一等水手3道槓。水手頭腰裡不繫藍帶，袖飾因正副有區別：副水手頭1口紅色錨；正水手頭2口錨。掌舵的級別相當於正水手頭，帶2口錨。幫舵相當於副水手頭，帶1口錨；也有時用一等水手充任，帶3

附錄

道槓。搞油的級別和正水手頭相當,也帶2口錨,但餉銀略高些,每月能拿14兩半銀子。炮手以上都是官,夏天戴草帽,冬天戴瓜皮帽。水手們背地稱當官的是「草帽兒」。當官的都穿青紗馬褂,邊上帶雲字,級別以袖口上分:炮手是一條金色龍;管帶、大副、二副都是二龍戲珠,但珠子顏色不同,管帶的珠子是紅色的,大副的珠子是藍色的,二副的珠子是金色的。

大東溝打仗,我沒參加。我只知道鎮遠從旅順開回來,進北口子船底擦了一條縫,船主林泰曾人很要好,覺得自己有責任,一氣自殺了。靖遠在大東溝船幫裂了兩三寸寬的口子,後來在威海作戰時中雷沉的(按:此處記憶有誤。靖遠是中炮擱淺,後來自己炸沉的)。威海打仗期間,我一直在鎮北上。船主呂大鬍子(按:即呂文經)在中法戰爭時管四煙筒的船,因為船打沉了充軍到黑龍江,甲午戰爭發生後調到北洋水師帶鎮北。正月初五,日軍打南幫炮臺時,我們的船隨丁統領開到楊家灘海面,炮擊日本陸軍,幫助翠軍突圍,打死不少日本兵。

英國提督的差船叫「拉格兒」,3根桅,是我去領進港的。正月初十下午,鎮北先到黃島邊上停下,我又坐小舢板到北山後去領「拉格兒」,2點多鐘進了港。進港時,兩下裡都吹號站隊。我們吹的是迎接號,跟早晨8點號一樣,也是「滴滴滴答答答」。「拉格兒」停在鐵碼頭前,英國提督上了岸,就去提督衙門見丁統領。原來英國提督進港,是為日本人效勞的。日軍占領劉公島後,「拉格兒」又來了,可受日本人歡迎啦。老百姓都說英國人和日本人穿連襠褲,後來還流傳幾句話:「狗

（按：指日本侵略者）扒地，鷹（按：指英國帝國主義）吃食，老毛子（按：指沙俄帝國主義），乾生氣。」

「拉格兒」離港的當天夜裡，月亮快落時，日本魚雷艇就來偷襲。當時，來遠、鎮西、鎮北停在日島附近，成三角形，擔任警戒。有個水手發現海面有幾個可疑的黑點，向當官的報告。那個當官的也不查清楚，反把這個水手臭罵一頓，說他大驚小怪，無事生非，擾亂軍心。日本魚雷艇見沒有被發現，膽子越發大了，就繞到金線頂再向東拐，對定遠放了魚雷。定遠中雷後，開到劉公島東疃海面擱淺，後來自己炸沉了。第二天夜裡，日本魚雷艇又進來偷襲，來遠也中雷了。差船寶筏和來遠停在一起，也被炸翻了。鎮北兄弟們警惕性高，見日本魚雷艇放雷，連忙開車，魚雷恰恰從船邊擦過，沒有中。這樣一來，弟兄們都火了，槍炮齊鳴，結果俘虜了2條日本魚雷艇，艇上的日本兵都被打死了。以後，鎮北就在楊家灘海面上看守這2條日本魚雷艇。

正月十三日早上，魚雷艇管帶王平帶著福龍、左一等十幾條魚雷艇，從北口私自逃跑，多半被日本軍艦打沉。福龍船長穆晉書（按：此處記憶有誤，福龍管帶為蔡廷幹。穆晉書是濟遠艦的魚雷大副，是跟王平一起策劃逃跑的），是個怕死鬼，一出港就投降了日本人。還有一條魚雷艇，在威海西面的小石島擱淺，艇上官兵逃上岸，被日本人全部捉住，押到西澇臺村殺了。只有王平坐的左一，速度快，僥倖逃到了煙臺。

當時劉公島上有奸細活動，護軍統領張文宣派人去搜，抓了7個日本奸細，在正營門前的大灣旁殺了。日本奸細的屍首

附錄

陳列在灣邊上，弟兄們沒有不恨的，打那兒路過時總要踢上幾腳解恨。我去看過，也踢了好幾腳。張統領倒是個硬漢子，想守到底，後來實在不行了，就在西疃的王家服毒死了。劉公島吃緊時，島上紳士王汝蘭領著一幫商人勸丁統領投降，丁統領說什麼也不答應，還把他們訓了一頓。

領頭投降的是牛提調（按：指牛昶昞），當時派鎮北去接洽，我也在船上。受降地點在皂埠東海面上。我們船靠近日本船時，只聽日本人用中國話喝斥：「叫你們拋錨啦！」弟兄們都低下頭，心裡很難受。去接洽投降的中國官有五六個。結果港裡10條軍艦都歸了日本，只留下康濟運送丁統領等人的靈柩。島裡的官兵都由鎮北裝出島外，由日本兵押解到煙臺。

附錄四　丁汝昌「致戴孝侯書」

現存丁汝昌「致戴孝侯書」，共5封。戴宗騫，字孝侯，時為威海綏鞏軍統領。此信為日軍占領威海後所獲，後由日本書商以《丁汝昌遺墨》印製發表。清朝末年，中國留日學生何基鴻於舊書坊中購得一冊，攜之回國。1936年冬，曾影印數十冊分贈各處。目前此書目前已很難見到，特附錄於此，以供研究北洋艦隊及丁汝昌者參考。

一

孝侯仁仲觀察大人如握：

　　昨奉電示，貴兩軍（按：指綏軍和肇軍）各抽一旅為撫師（按：即山東巡撫李秉衡的軍隊）接應，有驍將（按：指劉澍德）率之，必足有濟。麾下持重根本之地，軍民之心晉足以圍，慶幸何如！汝昌以負罪至重之身，提戰余單疲之艦，責備叢集，計非浪戰輕生不足以贖罪。自顧衰朽，豈惜此軀？唯以一方氣誼，罔弗同袍，驂靳之依，或堪有濟。然區區之抱不過為知者道，但期同諒於將來，於願足矣。唯目前軍情有頃刻之變，言官逞論列曲直如一，身際艱危尤多莫測。迫事吃緊，不出要擊，固罪；既出，而防或有危不足回顧，尤罪。若自為圖，使非要擊，依舊蒙羞。利鈍成敗之機，當時亦不暇過計也。曲抱之隱，用質有道，尚稀有以見教為敬！只達。敬頌

籌綏！

　　　　　　　　　　　　　　　　如小兄

　　　　　　　　　　　　　　　丁汝昌頓首

　　　　　　　　　　　　　　　　　　初二

二

孝侯仁仲觀察大人如握：

　　頃奉聯鯉，敬承一是。飭車今晨動身，且荷見允如前飭護，感戢無似。清帥（按：即吳大澂）電讀悉，蓋系炮臺所用

量遠近之鏡，敝軍未備此物，茲飭將鏡名另紙碻開。又檢量天尺一架，此亦能量遠近，但不如前項之便捷耳。復頌

蓋綏！

　　　　　　　　　　　　如小兄

　　　　　　　　　　　　　丁汝昌頓首

　　　　　　　　　　　　　　　　初二

三

孝侯仁仲觀察大人如握：

　　承允各臺以余勇赴探，健甫（按：即原廣甲管帶吳敬榮）展謁，復蒙指導，感真無量。並述尊意，倭逆萬一登岸，吾仲已選銳卒，以備親率迎剿前路抵禦，固為得機得勢，唯兵力過單，恐後路不足為固，誠以為慮。委以鄙人照料，臨事在海分調船艇，猶懼未能悉當，豈有餘力指揮在岸事宜？伏念威海陸路全局繫於吾仲，幸宜持重，總期合防同心，一力固守，匪唯一隅之幸也。遜抑鳴謙，非其時耳。余健甫面陳。此叩

蓋綏！

　　　　　　　　　　　　如小兄

　　　　　　　　　　　　　丁汝昌頓首

　　　　　　　　　　　　　　　　初三

四

孝侯仁仲觀察大人如手：

　　頃奉明教，藎畫周詳，赴機電邁，足卜敏則有功，益信吾道之不孤矣。可為心折。俊卿（按：即翼軍統領總兵劉超佩）處已承指示，諒可篤行。健甫安炮，至承惠飭後營助築大牆。即有餘力可分，當即遵囑照行，感尤無量。吾圍通籌，差足為固，則游擊之師不得不仰仗撫軍。徵調添募之營，現未知實有若干將次濱煙，極以為盼。倭赴榆關，料不易逞志，鋌而走險是其慣習，宜更防其回撲我境也。俊卿中前營，昨議設值緊要時，一倒內撤，業經商有大致。用質尊意，如較穩妥，並望轉知為幸！承賜生魚，附謝。此頌

籌安！

如小兄
丁汝昌頓首

五

孝侯仁仲觀察大人麾下：

　　昨至俊卿處，查近處籌備甚固，唯後路未曾設備。已商同相度，允以扼要趕辦。再昨據各洋人報稱，德璀琳前帶數人至馬關辦理議和事，美公使曾允主盟，唯該國意，和事須

到北京方議。刻聞山海關倭兵船在彼已遊弋數日，威海目前當不暇及，我正可及時紓力增備也。此頌

勳安！

如兄

昌頓首

初七

附錄五　李錫亭《清末海軍見聞錄》

李錫亭，榮成馬山人，曾為謝葆璋幕賓。謝葆璋先在來遠艦供職，後任煙臺海軍學校校長。李錫亭與謝葆璋私交甚厚，故極熟悉北洋海軍掌故。這裡刊布的是《清末海軍見聞錄》的摘錄。

甲午之前，海軍創設，兵船多購自英國，派赴英國學習海軍的學生亦不少。創辦之初，人盡外行，丁汝昌係陸軍出身，於訓練上聘英人琅威理主持一切。北洋水師以旅順、威海為根據地，時人為之語曰：「鐵打的旅順，紙糊的劉公。」誰知一經戰鬥，旅順並不堅於劉公島。海軍創辦學校，最先在馬尾，所以隸籍海軍者以閩人為最多。繼而黃埔、南京、天津、威海劉公島，亦各立學校。劉公島校壽命最短，逐甲午之後而消滅。

北洋水師的巡洋艦，當日皆呼為快船，其水兵衣襟上帶有符號，上襟是「北洋水師」，下襟是「某某快船」。服裝則穿藍的時間較長，所以軍中的洋員呼水兵為「藍衣」(blue jacket)。頭上則冷時打「包頭」，暖時草帽（按：此處記憶有誤，北洋水師中只有官員才能戴草帽，水手並不戴草帽），腰束寬帶；足則冷時皂靴，暖時赤腳，以船面盡是木製，不斷洗掃，毫無灰垢。放假時白衣青呢褲、包頭、皂靴，工作時仍穿藍衣褲、皂布靴。官員服裝為鑲邊馬褂、白褲、便帽、便鞋，遇有禮節時則易大帽（按：即紅纓秋帽）、頂戴、青緞靴，佩指揮刀。刀鞘係黑皮飾金。

　　定遠管帶劉子香，早年去英國習海軍，成績冠諸生，提前歸國。北洋水師建立之初，一切規劃，多出其手。他在大東溝一戰中指揮努力，丁汝昌負傷後，表現尤為出色。有誣其怯戰者，特受洋員之矇蔽耳。其為人素不滿洋員，憤洋員之不學無術、驕縱專橫。丁汝昌嘗因事離艦，劉子香撤提督旗而代以總兵旗。時琅威理任海軍總教習，掛副將銜，每以副提督自居，則質之曰：「提督離職，有我副職在，何為而撤提督旗？」劉子香答以水師慣例如此。琅威理由此嫉恨在心。洋員泰萊頗具野心，嘗倡議購置智利巡洋快船，交其本人指揮。劉子香聞之，從中梗阻，泰萊憤然，每尋機詆毀之。此後，泰萊又欲謀總教習一職，亦受阻於劉子香。初，漢納根建議提督，以泰萊為其繼任，汝昌未決。劉子香聞此議，力陳泰萊之為人，野心難羈，終將僨事，汝昌韙之。泰萊乃大憤，益遷怒劉子香。

附錄

　　甲午戰前，日本政府養活一批浪人留髮辮，學漢語，到中國從事間諜活動，其中有不少冒充為「遊學的」。昔日睏乏的讀書人，不肯沿門托缽討飯，而自比於儒者之林，帶點輕微行裝，向私塾行乞，研討文學者絕少。膳時收點飯給他吃，晚上給他一個地方住宿，收幾文錢打發他走。塾師多憎惡之，俗稱之曰「遊學的」，實際等於識幾個字的乞丐。甲午戰之先，有一位「遊學先生」在榮成地區遍闖學館，有時向塾師索紙書對聯，署名「大山」，一般塾師莫之注意也。及日寇登陸之後，有人重見其人於日本軍隊中，始如夢初醒，知為日人留辮偽裝華人而偵察情況者也。

國家圖書館出版品預行編目資料

大清最後的希望——北洋艦隊：從籌建、訓練到甲午戰爭的歷史剖析，十九世紀末海軍力量的興衰軌跡 / 戚其章 著. -- 第一版. -- 臺北市：複刻文化事業有限公司, 2025.07
面；　公分
POD 版
ISBN 978-626-428-164-5(平裝)
1.CST: 海軍 2.CST: 艦隊 3.CST: 軍事史 4.CST: 清代
597.92　　　　　　　　114008149

大清最後的希望——北洋艦隊：從籌建、訓練到甲午戰爭的歷史剖析，十九世紀末海軍力量的興衰軌跡

作　　　者：戚其章
發　行　人：黃振庭
出　版　者：複刻文化事業有限公司
發　行　者：崧燁文化事業有限公司
E - m a i l：sonbookservice@gmail.com
粉　絲　頁：https://www.facebook.com/sonbookss/
網　　　址：https://sonbook.net/
地　　　址：台北市中正區重慶南路一段 61 號 8 樓
8F., No.61, Sec. 1, Chongqing S. Rd., Zhongzheng Dist., Taipei City 100, Taiwan
電　　　話：(02) 2370-3310　　傳　　真：(02) 2388-1990
印　　　刷：京峯數位服務有限公司
律師顧問：廣華律師事務所 張珮琦律師

-版權聲明-

本書版權為濟南社所有授權複刻文化事業有限公司獨家發行繁體字版電子書及紙本書。若有其他相關權利及授權需求請與本公司聯繫。
未經書面許可，不得複製、發行。

定　　　價：375 元
發行日期：2025 年 07 月第一版
◎本書以 POD 印製